赵晨　著

区域不均衡发展风险研究

——以科技型人才区域聚集不均衡风险为例

·北京·

内 容 提 要

本书以我国科技型人才区域聚集不均衡的风险为研究对象，探究其背后原因、作用机理、风险评估及防控策略。通过运用集聚经济和新经济地理学等基础理论，从科技型人才聚集现象入手，进一步研究了我国科技型人才区域聚集特征及区域聚集不均衡的正负效应，特别是区域聚集不均衡负效应的研究。运用公平理论和风险管理等基础理论，分析了科技型人才区域聚集不均衡引致的风险机理。本书适合对科技型人才区域分布、经济地理以及风险管理有兴趣的研究人员、政策制定者以及高等教育和经济发展领域的相关人士。

图书在版编目（CIP）数据

区域不均衡发展风险研究 ：以科技型人才区域聚集不均衡风险为例 / 赵晨著. -- 北京 ：中国水利水电出版社，2023.12
ISBN 978-7-5226-2129-6

Ⅰ. ①区… Ⅱ. ①赵… Ⅲ. ①技术人才－人才管理－研究－中国 Ⅳ. ①G316

中国国家版本馆CIP数据核字(2024)第019626号

书　　名	**区域不均衡发展风险研究——以科技型人才区域聚集不均衡风险为例** QUYU BU JUNHENG FAZHAN FENGXIAN YANJIU ——YI KEJIXING RENCAI QUYU JUJI BU JUNHENG FENGXIAN WEI LI
作　　者	赵晨　著
出版发行	中国水利水电出版社 （北京市海淀区玉渊潭南路 1 号 D 座　100038） 网址：www.waterpub.com.cn E-mail：sales@mwr.gov.cn 电话：(010) 68545888（营销中心）
经　　售	北京科水图书销售有限公司 电话：(010) 68545874、63202643 全国各地新华书店和相关出版物销售网点
排　　版	中国水利水电出版社微机排版中心
印　　刷	北京中献拓方科技发展有限公司
规　　格	184mm×260mm　16 开本　10 印张　243 千字
版　　次	2023 年 12 月第 1 版　2023 年 12 月第 1 次印刷
印　　数	001—200 册
定　　价	**60.00** 元

前言

改革开放之初，中国实行不均衡发展战略使得东部地区集中了大量的资金、人才等优质生产要素，促使科技经济社会等方面取得了快速发展，其发展速度远远快于中西部地区，导致东部地区与中西部地区产生了较大的差距。例如2020年，人口规模相近的广东省与河南省的GDP总量分别为11.1万亿元与5.5万亿元，相差近一倍，并且这种差距仍有进一步扩大的趋势。在此背景下，科技型人才向东部地区聚集现象也愈发严重，从而产生了科技型人才区域聚集不均衡的现象。科技型人才是科技创新的主体力量，是区域经济社会发展的第一生产力。科技型人才在一定区域内的聚集不均衡会提升区域科技经济社会发展效率，但长期的不均衡也可能会导致区域科技、经济、社会等方面发展的差距，进而引起科技资源配置效率下降、国民经济整体生产要素回报率降低、社会冲突增加等问题，将直接影响我国区域科技进步和社会经济的协调发展。

本书通过梳理相关文献发现，关于科技型人才区域聚集不均衡的正效应研究成果较多，负效应研究较为少见。科技型人才作为一种特殊的生产要素，区域间长期聚集不均衡会导致科技经济社会发展的不确定性增加，即存在着区域不协调发展的风险。因此，本书以我国科技型人才区域聚集不均衡的风险为研究对象，探究其背后原因、作用机理、风险评估及防控策略。首先，深入分析了科技型人才区域聚集不均衡的特征及相关效应，以及由此引致的风险机理；其次，运用空间计量模型，分析了科技型人才区域聚集不均衡现状，探究了由于科技型人才区域聚集不均衡对科技、经济、社会发展的影响；再次，运用问卷调查、半结构化访谈等方法从科技、经济、社会三个维度识别出了科技型人才区域聚集不均衡的风险影响因素，并依据粗糙集属性约简优化评估指标，构建了科技型人才区域聚集不均衡的风险评估指标体系；最后，基于Vague集的理想解排序法（TOPSIS）方法计算出科技型人才区域聚集不均衡的风险值作为LSTM模型的标签值，运用长短期记忆网络（LSTM）模型搭建科技型人才区域聚集不均衡的风险评估深度学习模型，结合2005—2019年我国31个省（自治区、直辖市）的空间面板数据，对科技型人才区域聚集不均衡的科技风险、经济风险和社会风险进行评估，并在此基础上，预测了2030年前科技型人才区域聚集不均衡引致的科技风险、经济风险和社会风险的变化情况，针对性地提出了科技型人才区域聚集不均衡的风险防控措施。

本书研究结论如下。①我国科技型人才区域聚集不均衡的风险是存在的，风险程度是可控的，区域不均衡发展的战略仍可在未来一定时期适度实施，但对其所引致的风险应予以重视。②我国科技型人才分布呈现出以东部地区为核心，中西部地区为外围的科技型人才空间聚集格局，表现出区域间的不均衡态势。空间聚集模式以高—高类型和低—低类型为主，高—高类型集中于东部发达省份，低—低类型主要集中于西部欠发达省份。随着时间的演变，区域间的不均衡差距仍在逐步加剧。③科技型人才区域聚集不均衡与我国的科技、经济、社会的发展均有空间相关性。科技型人才区域聚集不均衡会降低宏观生产要素的配置效率，对本地区及其他地区均产生空间抑制效应。④运用粗糙集属性约简评估指标，构建了科技型人才区域聚集不均衡的风险评估指标体系，主要包括7个科技风险因素、5个经济风险因素和7个社会风险因素。⑤基于LSTM深度学习模型得出的评估结果显示，不同地区不同时期的风险等级不同，科技风险主要处于可能重大风险等级和特别重大风险等级，经济风险主要处于中等风险等级和可能重大风险等级，社会风险主要处于中等风险等级。

本书的创新之处如下。①运用集聚经济和新经济地理学等基础理论，从科技型人才聚集现象入手，进一步研究了我国科技型人才区域聚集特征及区域聚集不均衡的正负效应，特别是区域聚集不均衡负效应的研究，较好地补充了现有研究成果在这一方面的明显不足，丰富了人才聚集理论的研究内容。②运用公平理论和风险管理等基础理论，分析了科技型人才区域聚集不均衡引致的风险机理。从科技型人才区域聚集不均衡的负效应入手，理论上揭示了负效应与区域冲突的内在联系，发现科技型人才区域聚集长期不均衡会引发区域科技、经济、社会发展差异，而发展差异往往会造成区域科技型人才的不公平心里认知，不公平的心里认知是引发冲突的主要原因，而冲突容易导致风险的产生与发展。③运用深度学习方法，建立了基于LSTM的科技型人才区域聚集不均衡的风险评估模型。深度学习方法可以处理大量多层次交叉传递的非线性关系数据，具有对大量非线性交互关系数据处理的明显优势，本书将基于LSTM的深度学习方法运用到科技型人才区域聚集不均衡的风险评估中，实现了31个省（自治区、直辖市）15年风险等级的定量评估，并预测了2030年前的区域风险发展变化趋势，评估结果较其他方法增强了科学性和可靠性。

本书研究结果丰富了人才聚集理论的研究内容，揭示了科技型人才区域聚集不均衡引致的风险机理，拓展了风险理论的研究领域，具有一定的理论意义和实践意义。

作者

2023年10月

目 录

第1章

绪　　论

1.1　研究背景与研究意义

1.1.1　研究背景

随着科学技术的快速发展，科技创新在国家之间的综合竞争中扮演着举足轻重的角色。科学技术是第一生产力的理论已被大多数国家认可。

科技型人才作为人力资本中最优秀的群体之一，是科技创新的主导力量。世界各国均高度重视科技型人才的培养与引进，纷纷制定了人才战略，以促进科技进步，推动社会经济快速发展，提升国家综合竞争能力。因此，从某种意义上来说，国与国之间的竞争实际上就是人才之间的竞争。

我国在建设创新型国家过程中，特别重视人才的培养、引进、开发和合理使用。2000年，中央经济工作会议第一次提出了“要制定和实施人才战略”。同年10月，建设一支宏大的、高素质的人才队伍作为重要的战略任务在党的十五届五中全会提出。会议指出，要把培养、吸引和用好人才作为一项重大的战略任务切实抓好。2001年发布的《中华人民共和国国民经济和社会发展第十个五年计划纲要》专章提出“实施人才战略，壮大人才队伍”。这是我国首次将人才战略确立为国家战略，将其纳入经济社会发展的总体规划和布局之中，使之成为其中一个重要组成部分。并且我国对准科技型人才的发展目标，依据《国家中长期人才发展规划纲要（2010—2020年）》《国家中长期科学和技术发展规划纲要（2006—2020）》和《国家中长期教育发展和改革规划纲要（2010—2020年）》的总体要求，特别制定《国家中长期科技人才发展规划（2010—2020年）》，为进一步提升我国科技进步，实现建设创新型国家和全面建设小康社会奋斗目标提供科技型人才保证。“十三五”国家科技创新规划明确强调：要积极推进创新型科技人才结构战略性调整、大力培养和引进创新型科技人才，保证我国科技发展战略规划和目标的实现。

1980年以来，由于受到自然、历史、政策等诸多因素的影响，我国区域经济发展一直处于非均衡状态，无论科技、经济、社会发展的速度或质量，东部地区的发展水平都远远超于中西部地区。近几年，南方地区的发展速度与质量又明显超过了北方地区。以人口数量相近的东部地区广东省和中部地区河南省为例，1985年，广东省GDP总值577.38亿元，河南省GDP总值579.70亿元。2020年，广东省GDP总值11.1万亿元，河南省

GDP总值仅为5.5万亿元，差距非常明显，并且呈扩大化趋势。这种状况造成了我国科技型人才持续向东部地区流入现象。我国区域的不协调发展已经成为了我国在经济发展过程中的主要矛盾之一。为此，党的十六大以来，中共中央和国务院制定了一系列区域协调发展的战略，如西部大开发、中部崛起、振兴东北、创新型国家建设等发展战略。

在创新型国家建设过程中，各省（自治区、直辖市）为了提升各自的科技竞争能力，纷纷出台了一系列人才吸引政策。东部地区充分利用自身的经济社会发展优势和优越的自然地理条件，出台了一系列吸引人才的优厚政策，开始了新一轮人才竞争大战。使中西部地区的优秀人才和海外归国人才再一次出现大规模"外流"，东部地区的人才无论从数量上还是质量上均远远超过中西部地区，差距越来越大。《中国科技统计年鉴》数据显示，以2005年的研究与开发活动（R&D）人才数量为例，东部地区为84万人，中部和西部地区分别为29.8万人和23万人，东部地区R&D人才数量为中西部地区总和的1.5倍，而到2019年，东部地区R&D人才数量为324.9万人，中部和西部地区分别为94.1万人和60.9万人，东部地区R&D人才数量为中西部地区总和的2.1倍。2019年全国拥有长江学者463位（不含客座教授），东部地区有339位，中西部地区总和仅为124位，东部地区是中西部地区数量总和的2.73倍。可见，东部地区拥有的科技型人才数量与质量都远远高于中西部地区，科技型人才的区域聚集不均衡问题已成为亟待解决的问题。

同时，国内外学者对科技型人才区域聚集不均衡问题的研究具有一定的局限性。大部分研究成果集中在其正效应的研究上，而对其可能产生的负效应及风险研究不够，很难为解决区域发展不协调问题提供理论依据。本书就是在这一背景下，力图通过对科技型人才区域聚集不均衡的风险管理系统研究，为解决区域发展差距过大问题，提供理论和决策依据，促进区域社会经济协调发展。

1.1.2 研究意义

目前，科技型人才区域聚集不均衡的现象已经引起中央政府和学术界的广泛关注，国内对于科技型人才区域协同发展的研究不断增多，但从风险管理的研究视角，研究科技型人才区域聚集不均衡问题相对不足，难以为解决区域科技型人才聚集不均衡引致的风险、制定区域协调发展政策和决策提供理论支持。因此本书主要从风险管理的角度出发，研究科技型人才区域聚集不均衡的风险问题。本书的研究意义是，为区域协调发展、科技型人才效能优化提供理论依据，为评估区域风险提供方法指引。

1. 理论意义

第一，扩展风险理论的研究领域。目前，风险理论的研究内容主要集中在自然灾害风险、社会经济运行风险、生态环境风险等方面，本书从风险评估视角来研究科技型人才区域聚集不均衡的问题，丰富了风险管理理论的研究内容，拓展了风险理论的研究领域。本书拟通过宏观角度的科技发展、经济发展、社会发展三方面对科技型人才区域聚集不均衡的风险进行评估研究，拓展了风险理论的研究范围。

第二，通过研究科技型人才区域聚集不均衡的风险，细化了人力资源领域的风险研究。考察现有的人力资本的众多研究，尤其是科技型人才的众多研究，多以人才流动和正向聚集效应为切入点，忽视了科技型人才区域聚集不均衡的负效应研究及风险防控问题。目前，学者们开始关注某个地区或小范围内人才聚集不均衡的负效应问题，但未进行全国范围的系统研究。本书拟以区域为视角，考察科技型人才区域聚集不均衡的风险引发机理、风险因素及相关量化评估，丰富了人才聚集效应和风险管理的研究内容。

第三，拓展了科技型人才区域聚集不均衡的风险研究方法。本书将深度学习法等方法，引入到科技型人才区域聚集不均衡的风险评估中，增加了研究结果的可靠性和科学性。

2. 实践意义

第一，通过对科技型人才区域聚集不均衡的风险等级划分，更好地提供风险防控措施。科技型人才区域聚集不均衡在给区域带来正向影响的同时，也会给区域带来负向影响，但各区域的风险等级有所不同，需要通过风险评估确定风险等级后，方便制定相关针对性对策。本书提供了区域风险等级的评估方法，并给出了不同区域的风险等级，依此提出了相应的对策，有助于降低科技型人才区域聚集不均衡的风险影响。

第二，有助于科技型人才资源的合理配置。将科技型人才的使用效率置于社会整体大环境进行权衡与考量，以省际为单位进行风险等级划分，有利于各地区更理性客观地面对风险，合理利用资源，实现资源配置收益最大化。

第三，有助于政府开发与管理科技型人才资本。随着科学技术的迅速发展和社会转型过程中人力资本作用的提升，人力资本尤其是科技型人才对经济发展和社会进步的贡献越来越大。能否高效利用科技型人才是决定我国科技事业发展成否的关键，因此合理地评估科技型人才区域聚集不均衡的风险，有助于利用好科技型人力资本，具有长期战略意义。

1.2 国内外研究综述

科技型人才是指那些掌握一定技能的有品德且对社会具有较大贡献的人。依据科技统计年鉴对于科技型人才的定义，通常，科技型人才包含有科技人力资源、专业技术人员、科技活动人员和研究与开发活动（R&D）人才[1]。本书后续研究中所用的科技型人才均指的是 R&D 人才。

科技型人才区域聚集是由科技型人才的流动造成的，因此针对本书科技型人才区域聚集不均衡的风险评估研究主题，将国内外现阶段涉及该研究主题的文献分为人才流动、科技型人才聚集、风险评估三方面进行梳理，并对本书风险评估运用的主要方法深度学习的研究现状进行评述。

1.2.1 人才流动研究现状

关于人才流动的研究最早始于英国皇家学会提出的“人才外流”概念[2]。在第二次世界大战期间，大量科学家和技术人员从英国迁移到美国，为此，英国皇家学会提出了“人才外流”概念[3]。后来，人才流动被用来指不同地区、行业和职业中最高技能的个人，包括科学家、医疗工作者、工程师和其他受过专业培训的人才在各国或者地区间的流动[4]。我国的人才流动研究始于 20 世纪 90 年代左右，相关研究起步较晚。最早由孔德玉在针对高校科技队伍的研究中提出，指出高校内的科研队伍的流动为科技事业发展、教育事业发展的必要条件[2]。截至目前，人才流动依然是国内、国际学者研究的热点问题。

总体而言，人才短缺是普遍存在的问题，人才流动成为了人才聚集的基本推力和拉力。以发达国家美国和日本为例，据美国国家科学基金会统计，到 2018 年，美国的人才缺口主要集中在化学、生物、物理等研究领域，这些领域的科技型人才本国培养仅能满足需求的 1/3，从各国吸引人才的流入是美国解决国内人才短缺的主要措施[3]。根据日本科技厅的调查报告显示，日本的国内生产总值增长率为 3%～4%，2019 年缺少研发人员 61 万～75 万人，而高级科技型人才数量只能满足一半的需求[4]。

现阶段人才流动的研究集中于人才的国际化流动与本国内的人才流动。人才国际流动的流入地主要集中在发达国家，欧美国家成为各发展中国家和贫穷国家的流出人才的聚集地，发达国家留学滞留成为了欠发达国家人才流出的主要形式[4]。以高科技 AI 研究领域为例，AI 领域顶级的 21 个期刊发文的作者国籍有 44%来自美国，其次是中国（11%）、英国（6%）、德国（5%）、加拿大（4%），除中国外，均为欧洲发达国家。Beine 指出，人才的迁移，无论是永久的还是临时的，均会影响经济发展，会增加全球收入的不平等性，削弱国家的竞争力[5]。Daniel S 指出，世界人才格局不平衡与国家的资源丰富程度具有一定的联系，资源丰富的国家尤其是石油资源丰富的国家，往往由于产业结构低级化、腐败等影响造成人才外流效应，出现人才的移民和迁移[6]。王寅秋指出，发达国家由于其科学技术的迅猛发展，经济形势的稳定增长，导致人才的需求量一直很大，但是自身的出生率下降使得人才供给不足，因此对境外人才的需求量不断增加[7]。中国作为人才的供给大国，流失情况一直较为严重[7]。发展中国家的人才外流，会造成自身发展的恶性循环[5]。由于人才外流成为常态，年轻一代移民的决心就会更强，人才的外流还会为年轻移民提供动力[5]。现今的人才抢夺战中，发达国家仍保有人才输入的强势劲头，发展中国家仍是人才输出的主战场[5]。作为发展中国家的中国，近年虽出现了人才归国的热潮，但现阶段，我国人才流动状况仍是人才外流为主，而且人才的流出速率一直很快[8]。我国早期基本呈现净流出的模式，流出的路径和模式比较典型及单一[9]。由于国家政策的引导以及综合国力的大幅提升，现阶段不再是单一流出的模式，而且我国人才跨国流动的规模日益增大，学成归国的人才数量也在不断提升，人才跨国流出的目的地主要为美国、日本、英国、加拿大等科技发达国家，而归国发展的主要目的地集中在北上广和江浙地带[10]。田瑞强就我国与美国的人才流动进行对比分析发现，我国现在虽然对美国仍是人才输出大国，但近年来高层次人才归国数量和他国的流入量均有所增长，说明我国某些领域对高层次人才的吸引力正逐步赶超西方某些国家[11]。Etleva 指出，最初人才的流动会给流出国造成人力资本的净损失，然而，现阶段的流动往往是一个循环的过程，会对科学网络的建立、国际金融的流动以及人口的流动产生积极影响[12]。我国作为世界人才流动频率较大的国家，提升自身的国际竞争力与高等教育的质量才是吸引人才的根本方法[13]。

国内流动研究主要集中于人才的省际间的流动。国内人才的流动一直处于较单一的“东部输入，中西部输出”的状态，起因是东部地区社会经济发展、科研环境等方面具有优势，会为人才带来更好的工作环境，更有利于人才取得自身成长与成就[8]。2020 年，人才仍保持高强度的流动，流动频率与人才的年龄呈正比例关系，区域间的人才流动更加失衡，人才的流入地点仍集中在东部的北京、浙江、江苏、上海、广东等地，东北地区的吉林、辽宁成为了流失最为严重的城市，人才流动带来的“马太效应”凸显[14]。就地理空间格局而言，我国人才的空间布局表现出较大的不均衡性，人才聚集不均衡的程度呈扩大趋势，主要是因为东部地区的经济环境、科研环境相较西部地区而言更加开放与先进，因此我国人才形成极不平衡的空间聚集格局[15]。高层次科技型人才在我国的分布状况呈现极端不均衡的状态，其区域间的流动呈近乎单向模式。现阶段的西北与东北等地均为严重的人才逆差，华中地区近年来人才流失较为严重，“中西部危机”和“东北部困境”已经出现，并表现在典型的人才逆差。高层次科技型人才的流动往往存在“七年之痒”，并出现奋斗在东部，养老在中部的现象。这种流动有提前的趋势，这与学术资源获取的便利程度有直接的联系[16]。我国地域广袤，中西部地区的人才稀缺与东部地区部分机构人才的闲置现象并存，不利于人才效能的整体发挥，也影响了我国区域协调发展政策的落实[16]。王修来从非均衡的视角下对我国现阶段人才的分布展开研究，指出现阶段我国人才的结构冲突是“扩散”和“极化”相互作用的结果，上海、江苏、浙江等地的人才溢出效应较为明显，形成人才高地，但是人才聚集效应却未得到很好的发挥[17]。

因此，人才的存量或流量均存在着地区严重不均衡，这种不均衡进一步拉大了东部地区与中西部地区的发展差距，表现出来的物质待遇差距、工作生活环境不同、分配机制差异等又进一步成为了人才区域流动的主要原因[18-19]。现阶段，我国的人才流动仍维持在东部地区持续净流入，其余地区均为净流出，导致了区域社会经济发展差距持续拉大，进一步加剧了教育资源和人力资本积累的区域差距和区域不平衡发展[20]。科技型人才作为世界的稀缺资源，需要不断加强与世界各地的科研机构合作交流的程度，积极利用好各方面的优势资源，通过多渠道与世界各国的科技型人才展开更深层次的交流、更大范围的合作，建立人才国际化网络，尽快打破现阶段的国际单向流动模式[21]。

1.2.2 科技型人才聚集研究现状

科技型人才在一定时间内产业与区域之间的流动会形成科技型人才的聚集现象。科技型人才的聚集现象是指在一定时间内由于科技型人才的流动，大量科技型人才在某一地区或行业形成的聚类现象[22]。因此，国内外学者对于科技型人才的聚集进行了广泛的研究。研究的主要内容有聚集模式、聚集效应以及聚集影响因素等。

1. 聚集模式的研究现状

学者依据人才聚集类型的不同分为横向聚集和纵向聚集[23]。同一领域内的相同专业的人才聚集称为人才横向聚集；不同领域、不同专业的人才之间的聚集称为纵向聚集[24]。科技型人才的聚集往往既涉及自身领域，又涉及其他领域合作，因此既有横向聚集也有纵向聚集。在纵向人才聚集提升纵向科研深度的同时，横向人才聚集引发的良性竞争还可以引发新的思想，从而使产业得到不断进步，促使区域技术水平的提升和社会经济的快速发展。克鲁格曼构建的“中心外围理论”指出，科技型人才的聚集往往会给区域带来良性循环互动，科技型人才聚集会带动产业的发展，进而增加地区的就业机会，进一步吸引人才的流入，形成良性循环[25]。科技型人才作为人力资本中的优秀群体，其聚集的优势相较普通劳动力资本而言更加明显，更容易带动区域经济的综合发展[26]。

2. 聚集效应的研究现状

科技型人才聚集也会对经济、科技和创新等产生重要的影响。大量学者通过实证研究表明，科技型人才的聚集会对区域科学技术、经济、社会等发展产生影响。现阶段学者的主要研究集中于科技型人才聚集的正效应研究。Hao 等将公司级研发数据与 2004—2007

年科技型人才数据以及长期专利数据相结合，研究了科技型人才对企业在华研发投资的影响，结果表明，科技型人才数量与制造业企业的研发投入和产出呈正比例关系，如果企业位于中国东部，其推广效果将更为显著[26]。Sheng 提出，人才聚集是发展产业集群的基本保证。人才积累促进了集群的生产，也提高了集群的竞争能力、集群区域社会化合作和集群技术创新[27]。Schiff 指出，由于人才最重要的生产力是创意、知识等无形资产，因此人才的流动不简单是人力资本的损失，更是企业核心技术的流失，甚至会影响企业的生存与发展[28]。Liu 等通过验证人才聚集与城市发展之间的关系，认为人才聚集特别是科技型人才聚集，是城市发展的驱动力，会促进城市化进程，加速地区的经济发展速度[29]。Glaeser 通过对人才聚集现象的量化分析指出，人力资本聚集会产生聚集效应，这种聚集效应有利于地区的改革创新发展[30]。Romer 在他的内生增长模式中确立了知识、人才和经济增长之间的联系，认为人才聚集产生溢出效应，进而可以增加回报[31]。Florida 的研究也验证了人才资本在区域增长中的作用，指出影响跨地区人才聚集的因素差异巨大，并主张需要更好地了解人才聚集的影响因素，从而促进不同区域对人才的吸引力，这表明人才不是静态的，更多的是动态流动的[32]。

我国最初出现人力资本聚集效应这一概念是由罗永泰首次提出，他将人力资本聚集效应提升到理论高度研究，产生的正向效应主要体现在竞争与合作效应、学习与创新效应、品牌与名人效应、马太效应[33]。随后，牛冲槐等在 2006 年提出了科技型人才的聚集效应概念与内涵，指出科技型人才聚集具有八大效应，分别为创新效应、区域效应、时间效应、规模效应、激励效应、信息共享效应、知识溢出效应、集体学习效应，信息共享效应与知识溢出效应是科技型人才聚集的两大特征效应，信息共享可以促进知识溢出效应的产生与提升，共享信息的质量差异决定知识溢出效应的正负，知识溢出为信息共享提供了共享资源保障，两者之间关系密切，相互作用[22]。牛冲槐等进一步对科技型人才聚集的作用进行分析，表明科技型人才聚集对于创新型企业和产业的作用更加明显，两者存在联动关系，人才的聚集、科技产业和科技创新均是正向互动关系，三者相互关联，相互吸引[33]。创新对经济的贡献往往存在滞后效应，人才聚集、创新驱动效应难以立竿见影，因此短期内人才聚集对经济发展的正向效应不明显；人才聚集的创新效应会随着人才的流动而具有流动性，且有外溢的可能[34]。科技型人才是科技创新的驱动力，带来技术创新的溢出效应，这样不仅可以实现产业转移，还可以增强地区、企业的创新能力，并带来自我增强效应、内生增长效应[35-36]。科技型人才聚集是区域创新的驱动力，因为人才的聚集是区域技能、知识产生净增量的方式之一，是聚集效应的正向体现，聚集的学习效应、知识溢出效应、创新挤出效应、激励效应等均对区域的创新网络产生正向影响[36]。科技型人才聚集会带来智力与知识资本的积累，影响还会延伸到高校、企业、产业等，而后增强主体消化吸收与自主创新的能力，科技型人才聚集与技术创新系统、区域创新发展呈正向互动机制[37]。这种正向机制使得科技型人才聚集往往会促进经济发展，在我国不同地区均呈现较为明显的因果关系[38-39]。

3. 聚集影响因素的研究现状

科技型人才聚集是城市和地区的增长和发展的驱动力。Lucie 认为，城市和地区的增长和发展的驱动力是与人才聚集相关的生产力增长[40]。大量学者对人才的流动因素展开研究。Frederick 指出，政策是人才流动的主要影响因素，开放、有效的人才政策是吸引人才的重要方法，政策的腐败程度往往也与人才的流入呈反比[41]。Wei 指出，人才的流入对入学率有着明显的影响，素质越高的人才永久流入对高中的入学比例有明显的提高，对地区的中产阶级人均经济收入具有一定的影响[42]。Irina 以罗马尼亚为研究对象，针对该地人才的聚集影响因素做过分析，提出年轻的人才主要由于对自己职业规划高待遇和好环境的向往，会流向有利于知识、经验积累的国家，而本国提供的奖励往往决定了青年人才能否再次回到本国[43]。目前我国已经成为世界最大的留学生输出国，这些留学生中很大一部分会在学成后成为高层次人才，却技术移民至国外，难以再回到中国，影响我国科技型人才不断输出的主要因素包括国家的政治环境、经济环境、人文环境以及学术环境，我国高层次人才虽然仍在大量流失，但是现阶段出现的人才回流趋势日趋加强[44]。石凯指出，致使海外人才回流的主要原因是我国近年经济发展速度、经济自由度的相关指标逐渐追上发达国家，如“关税壁垒”“产权保护”等指标已经与发达国家持平，政治环境也逐渐开放，国家对人才事业重视程度越来越大，因此，人才的回流趋势不断加强[45]。周建中通过对科技型人才的调查研究发现，我国人才外流主要是由于国外的科技发展水平较高，科研设备先进，科研管理工作较我国而言更加规范，而人才流入主要是由于祖籍及亲友的影响以及近些年国内发展空间的增大，我国由于自身的环境问题以及科研管理的不规范等原因，造成了高层次人才的引进困难[46]。人才的区域流动原因多种多样，我国学者为了改善这种不均衡状态，对人才的区域流动原因进行了多方面的研究。这些原因主要分为宏观因素和微观因素。人才流动的宏观因素主要从经济、社会和科技三方考虑。就经济因素而言，主要有薪酬待遇、地区经济发展水平等[17,47]。东部地区的生产要素边际收益较高，区域经济发展的差异导致了我国人才呈现持续的东部地区流入的现象[22,48]。就科技因素而言，人才流动的主要原因在于人才科研环境的“环境场”的不同，包含影响人才发展、成长的环境要素，影响科技发展的要素以及制度要素，受“环境场”的影响，现阶段我国人才的流动路径较为单一[47]。其中科研经费和高技术产业增加值是影响人才流动的主要原因[48]。人才对流动的认知主要受学术平台、学科发展和学术氛围等的影响，这种认知决定了人才的流动决策[49]。就社会因素而言，主要涉及住房因素、生活环境和社会生活供给等方面[50-51]。小于 45 岁的高层次人才容易外流，流动的影响因素主要涉及住房因素、科研团队因素[52]。就我国三大区而言，东部地区的人才流动主要是受科研经费投入强度的影响，西部地区则受经济发展水平影响较大，东中部地区对于人才的吸引要高于西部地区[50]。由于区域经济的差异、自然环境的不同、科技与文化底蕴的不同以及城市化速度的差异，导致了我国人才呈现持续的东部地区流入的现象[22,50]。人才区域流动的微观因素主要包括家庭生活因素以及个人生活需求[51]。郭洪林基于高校的人才为研究对象，分析表明，家庭、个人等个人因素对人才流动的影响力最大[49]。谢荣艳主要从科研机构的角度来分析人才流动的影响因素，研究结果显示，以金钱来衡量的相关指标如机构收入和科研收入对人才的流动无显著影响，机构内部人员构成差异以及文化氛围和组织前景成为了人才流动的重要因素[53]。徐茜通过问卷调查研究表明，科技型人才流动的微观因素中的职业发展空间、人际关系等补偿性匹配问题对人才流动有负向影响，而组织的价值观与个人目标、价值观的一致程度是正向影响[54]。其他微观因素，诸如年龄、组织管理风格等呈负相关[55]。

针对科技型人才聚集的影响因素分析问题，Kennedy 指出，影响因素分为明显的和不明显的两类。明显的因素包括年龄、收入、工作特点、个人愿望、预期未来和对工作变化的看法。不明显的因素包括性别、种族、婚姻状况、家庭人口、教育、工作期间和以往的工作变化经验[56]。Mao 指出，影响人才聚集的因素有三个——个人因素（如人口特征、个性和个人价值观）、工作场所因素（如工作类型、工作条件和组织环境）和环境因素（外部经济，环境或社会因素），这些因素造成了不同区域人才的聚集程度明显不同[57]。对于环境因素而言，Wang 对空气污染与科技人才聚集的关系进行研究后发现，空气污染会促使受过高等教育、具有社会稀缺的技术创新能力的专业人员从空气污染严重的地区搬到空气质量较好的地区[58]。而且这种现象与地区差异有关，具体而言，空气污染对我国经济发达地区的科技型人才数量的影响比相对落后地区更加显著，这可能归因于发达地区的科技型人才对空气污染更加敏感，具有较强的经济实力和能力从而为人才流动提供基础。Sorana Toma 从心理学的角度提出科技型人才聚集的影响因素有职业因素、家庭因素以及文化因素[59]。Irene Bloemrad 将影响科技型人才聚集的宏观因素归纳为政治因素、经济因素、社会因素、文化因素四大类；微观因素为组织的人才理念、用人机制、激励机制以及文化氛围，各个因素相互联系、相互作用[60]。Klaus Nowotny 等将影响科技型人才聚集的原因归纳为区域的规模经济、区域的人才政策、知识的溢出效应、地区工资水平等[61]。无论宏观因素还是微观因素，科技型人才区域聚集的影响因素主要是可以为科技型人才带来知识外溢效应的，并且可以加速科技型人才发挥功效的因素，更能激发科技型人才潜能的驱动力[62-64]。

1.2.3 风险评估研究现状

风险指的是某种特定危险事件发生的可能性与其产生的后果的组合[65]。由此定义可知，风险的形成需要两个因素共同作用组合：一是该危险发生的可能性，即危险概率；二是该危险事件发生后可能产生的后果。在全球化发展的背景下，科学技术的发展不仅加速了全球化的速度，还使人类社会进入风险时代。科学技术的两面性、经济增长的可持续性、社会发展的稳定性等都是造成风险的可能因素，因此风险社会已经成为现代社会的时代特征，我们对于风险的认知使得人类可以应对乃至控制这种风险状态，从而降低或消除风险带来的负面影响[65-68]。

从 20 世纪 70 年代末开始，风险评估的研究逐渐走入大众的视野。美国、加拿大、日本等发达国家于 30 多年前建立了国家风险评估认证体系，负责研究并开发相关的评估标准、评估方法和评估技术，并基于此不断扩充评估体系的相关内容，因此这些国家建立了更为完善的风险评估体系。我国系统的风险评估研究发展起步相对较晚，从早期的风险评估领域只涉及金融、投资领域，到现阶段逐渐发展到各个领域。

在美国经济大萧条的背景下，风险评估的思想于 19 世纪在欧洲开始萌芽，到 20 世纪在美国开始有学者对风险进行系统研究。Williams 将风险评估定义为通过风险识别、衡量和控制，以最少的成本将风险带来的各种不利后果减少到最低限度的科学管理方法[65]。伊莱恩指出，风险评估是通过建立预先决策的规范环境，可以实现：①不间断分析产生风险的过程；②明确风险的重要性，了解风险处理的优先级；③明确处理风险的战略策略[66]。风险评估是监控系统和回应系统的搭建[67]。Crandall 将风险评估模型运用绘图技术和蒙特卡洛模拟的方法对工程项目进行分析，针对分析过程，提出风险规避策略，明确风险转移途径，提出风险防范措施[68]。Boehm 首次将软件学科与风险评估结合，归纳出一条以风险评估为导向的解决风险辨识、风险处理和风险消除的易用原则和正规做法[69]。Pidgeon 认为在高风险的社会技术系统中，应注重安全文化与风险评估之间的关系，因为安全文化可以为灾害和事故提供处理思维和应对方式[70]。系统的风险评估是一个复杂的过程，一个完整的风险评估应该至少具备相应的风险识别、风险评估和风险防控步骤。2005 年，我国颁布了《项目风险管理　应用指南》（GB/T 20032—2005），标志着我国风险管理理论和时间研究进入规范化和系统化发展阶段；2009—2011 年，国家分别颁布了《风险管理　术语》（GB/T 23694—2009）、《风险管理　原则与实施指南》（GB/T 24353—2009）、《供应链风险管理指南》（GB/T 24420—2009）、《公司治理风险管理指南》（GB/T 26317—2010）和《风险管理　风险评估技术》（GB/T 27921—2011），这些标准的颁布是风险评估技术标准化发展的重要标志[71]。《风险管理风险评估技术》（GB/T 27921—2011）指出风险管理包括风险识别、风险分析和风险评价 3 个步骤，其主要作用包括：①识别风险以及风险对分析目标的可能影响；②通过识别风险及影响来为决策者提供相应信息，以便决策者增进对风险及风险影响的理解，更好地做出对策；③识别风险因素，确定组织的薄弱环节，依此明确风险防范的先后顺序；④通过风险评估，可以了解风险是否可接受，从而选择不同的风险应对方式；⑤更有效地进行事前防范与事后总结。风险评估活动不仅仅针对组织，也适用于某个活动、某个项目、某个事项等[71]。风险评估主要是要帮助决策者充分了解风险的内容以及产生的原因、带来的后果和发生的概率，更高效地做出决策，采取措施应对风险。

风险评估的第一步是风险识别。风险识别是风险评估的基础环节，只有在正确识别出风险因素的基础上，人们才能主动选择适当有效的方法进行处理。风险识别的常用方法主要有：①通过经验的感性的判断来得到；②通过历史数据、客观资料来分析归纳，结合相关专家的经验访谈得到。风险识别绝不是一劳永逸的工作，因为环境的复杂性、风险主体的多变性等原因，风险识别必然是长期且系统的工作。许晖通过问卷调查的方法，对跨国经营风险进行识别，通过与专家讨论形成风险因素，在通过问卷调查进行风险的最终识别[72]。张友棠对企业财务风险进行识别，运用系统动力学最终构建了各风险因素的“风险地图”[73]。龚明华在借鉴国际经验的基础上，综合分析了金融系统性风险的方法论，建立有效识别和评估系统性风险的指标体系[74]。王正位通过个人消费行为大数据，对个人信用风险进行识别，提高对信用信息薄弱人群的风险识别效率[75]。

风险分析是一个量化分析的过程，也是风险管理的重要环节。风险分析主要是对风险事件和风险主体的各方面影响或损失进行分析，并判断风险的高低。不同的领域在风险评估阶段会结合不同的方法进行风险的量化评估。风险分析的量化方法有很多，例如小样本分析的支持向量机的方法，在小样本领域运用更有优越性[76]；对信用风险评估的 Logit 模型，实证分析证实了该方法在商业银行信用风险评估方面具有更可靠的预测能力和推广能力，是有效的评估工具[77]；对道德风险评估的模糊评判法。通过对责任保险业务领域应用，证明是有效的分析方法和预警技术[78]。

风险评价是评估风险对实现目标的影响程度、风险的价值等。王敏根据国际趋势对我国内部审计的风险导向环境及基本原理问题进行分析，提出基于风险导向的内部审计应该注意的问题[79]。毛小苓通过梳理环境风险评价的发展，指出我国现阶段环境风险评价理论与实践脱节、研究领域过窄等问题，对未来的发展提出相应的对策建议[80]。葛少卫对高校学科建设提出运用风险管理的思想进行学科规划与目标制定，指出在不同阶段的风险评估对象，在规划阶段对定位人员、经济、市场、技术和管理进行评估，在建设实施阶段对学科效果与反馈进行风险评估，在运行产出阶段进行安全、政策和效益风险的评估[81-82]。

对人力资本的风险评估问题主要是从人力资本投资这个角度出发，周二华等指出，人力资本投资与物质资本投资一样具有不确定性，即风险性，这种不确定性主要来源在对未来市场人力资本关系供求的不确定[83]。由于人力资本的技术价值会有时间效应，因此这种不确定性还来源于技术的时效性。个人寿命的长短、信息的不完全行、个人能力、市场变化等均成为人力资本风险的影响因素。就人力资源的风险评估常用方法总结见表1-1。

表1-1　人力资源风险评估常用方法比较

文献	方法	特点	不足
汪克夷，董连胜[84] 王阳等[85] 陈雄鹰等[86]	层次分析法	可以将诸多风险的影响因素以层次结构的方式呈现，逐层分析，简便直观	需要专家打分等主观方式连接每一层次之间的要素权重，主观影响很大
周二华等[83] 李冰清等[87] 朱德云，王素芬[88]	回归分析	通过对各风险影响因素与评估对象之间的显著性关系分析，可分析各风险因素的影响程度	对数据的要求很高，难以分析大量无规律非线性的杂乱数据
肖北溟，李金林[89] 张彭，王飞[90]	主成分分析法	消除指标之间的相关影响，减少指标选择的工作量	主成分的解释含义具有模糊性，对于降维后的信息量有较高要求
杜江，梁昕雯[78] 王会金[91]	模糊综合评价	评估方法简单明了，可以处理无法量化的属性指标	评估结果主观依赖比较强
刘庆，王昌[92] 周晓光等[93]	TOPSIS	可以通过计算评价对象与理想化目标的接近程度进行排序，风险的排序一目了然	需要与其他方法结合运算，无法自身获取数据权重
梁爽等[94] 肖会敏等[95]	BP神经网络	优化局部搜索，可通过自我学习来处理非线性关系的数据	收敛速度慢，可能出现过拟合现象
胡海青等[76] 张卫国等[96]	支持向量机	样本数据量不大时可以处理较高的非线性关系	对样本数量大的模型难以训练，二类分类的算法难以解决多分类的问题，只能多次分类

针对现阶段我国人力资本风险评估的方法，本书将在此基础上提出更完善、更合理科技型人才区域聚集不均衡的风险的评估模型。

从以上相关研究可以发现，风险评估活动需要各环节有机协调，即风险识别、风险分析、风险评价综合作用。风险识别是风险管理的第一步，是对组织、企业潜在或面临的风险进行识别和分类，总结出可能出现或者已经出现的风险；风险分析是在风险识别的基础上，对这些风险的形成原因进行分析和判断，了解这些风险的运行机理和发生条件，以及这些风险一旦发生后导致的后果，通过相关数据，运用适当的梳理统计工具，利用相应的原理，分析和预测风险发生的概率以及风险发生后会带来的各种损失，以此，利益相关者可以更好做决策；风险评价是指在风险衡量的基础上，管理者依据对应的风险控制目标，提出必要风险管理措施，以达到在节约成本的基础上做到损失降到最低。

1.2.4 深度学习的研究现状

关于深度学习的研究与应用的开发是在 2006 年继 Geoffrey H 在 *Nature* 上发表后而广泛展开的[97]。由于深度学习是人工智能领域发展过程中的重要组成部分和研究的前沿，因此该方法的应用最初在 AI 领域、计算机视觉、语音识别、自然语言处理、情感分析等领域[98]。在这些领域，深度学习由于其超越传统方法的处理优势，在与计算机处理的结合上取得巨大成功。

深度学习的本质特征是无监督学习，其通过改进训练算法，克服了深层神经网络学习容易产生的局部极值和梯度消失的问题[99]。深度学习可以对样本的数据进行逐层深入、更加抽象的描述和表达，可以将无监督学习与有监督学习有机结合。深度学习的概念最早起源于人工神经网络，它不同于一般的浅层网络，是对深层网络结构（Deep Network Architecture）进行有效学习和训练的方法[100]。

Helton 将深度学习应用于金融领域，由于金融领域的数据量大，且数据间关系复杂，因此得出深度学习的优势：①不受数据维度的限制，即数据的选择可以多种多样，只要是需要的指标数据均可输入模型；②可以更好地处理数据间的非线性问题，对于复杂交互影响的数据也可以提高样本拟合性；③还可以避免过拟合问题[101]。Takeuchi 提出将深度学习与股票价格运动规律相结合，通过这种新模式，证明了受限波尔兹曼机这一结构在证券市场应用中的潜力[102]。Ding 通过深度学习捕捉针对股票市场股票价格的运动的事件驱动，将时间因素带入其中，捕捉新闻事件的长期影响[103]。Erhan 利用深度学习预测期货价格变动，通过结合发现深度网络对于复杂数据获取有用信息集并发现数据运动特征是较准确的[104]。Tran 将深度学习与铁矿石品类分类相结合，对澳大利亚、巴西、南非等地的 16 种品牌进行预测，证明了模型的有效性[105]。Nam Ki Jeon 将深度学习与气候变化对跨区域多环芳烃的排放的潜在风险评估相结合，通过建立预测模型，将气候变化带来的多环芳烃排放与身体变化相结合，得出癌症的风险将增加 50%的结论[106]。Tingting 以公路的撞车检测为研究对象，结合深度学习，探讨了深度学习模型对于检测碰撞发生和预测碰撞风险的可行性，得出深度模型可以与该研究相结合，并对碰撞风险进行敏感性分析[107]。Amine 对深度学习方法做了一定宏观层面的介绍，指出该方法的一些弊端，提出修正的建议[108]。

我国对于深度学习的研究仍处于起步研究阶段，理论的拓展研究相对较少，多数为深度学习与实际应用相结合的文章。刘建伟对深度学习方法进行了理论综述的研究，包括对数据初始化、网络结构设计以及算法等方面进行综述研究，并介绍了三种常用的深度学习网络[109]。王宪保等将深度学习与太阳内电池片的检测相结合，运用该方法提取对象特征，可以更准确地检测太阳能电池片的缺陷[110]。深度学习针对图片敏感精度的处理和敏感文字检测的速度问题，可以更好地优化检测结果[111]。刘广应等将深度学习模型与 VaR 风险管理相结合，利用金融高频数据的交易量信息，构建动态预测模型，并对于与传统方法的区别，得出基于深度学习的模型比传统模型预测准确率更高[112]。冯文刚等将深度学习与机场安检工作进行有效结合，建立预警模型，不仅提高了工作的效率，提升了用户体验感，还提高了机场的安检效率，更精确地寻找风险因素[113]。

1.2.5 文献述评

本章对人才流动、科技型人才聚集、风险管理、深度学习的相关文献进行了梳理，前人的研究成果为本书的深入研究打下了坚实的理论基础，同时也为本书提供了更高的学术研究起点。综上所述，目前的研究仍有以下不足之处：

首先，对科技型人才的研究具有一定的时效性，需要进行实时关注和研究。在科技型人才的相关研究方面，国外研究起步较早，其研究成果对国内学者具有深远的影响。在对国外研究成果的借鉴学习的基础上，国内学者进行了深入和细致的研究，并产生了诸多优秀的成果，主要集中于科技型人才的流动与聚集正效应的研究。然而，科技型人才在行为等诸多方面具有与其他人才相比更强的复杂性和不确定性，容易随着时间和环境的变迁而产生变化，从而表现出选择的多样性，因此对科技型人才的研究需要与时俱进，不断拓展研究内容。

其次，在区域发展的相关研究方面，已有学者从区域教育和区域经济来分析区域的均衡发展问题，虽然这些成果对于研究区域问题具有一定的启示意义，但是，一方面，区域教育和区域经济很难全面反映区域相互影响的关系以及区域发展的状况，且中国情景随时变化，需要从多个角度来进行分析；另一方面，此前的研究对象主要是一般人才，而科技型人才在个人素质、专业能力、个性特征等方面与一般人才不同，因此，此前的研究成果对于科技型人才的区域分布的解释力度也有待检验。

再次，在风险评估的相关研究方面，目前我国国内关注较多的是金融投资领域，较多的是为商业银行和高风险企业进行风险评估，讨论较多的为风险投资、财务风险、信用风险、环境风险等方面的应用，针对人力资源管理风险研究成果不丰富。因此，对于人力资源风险评估，尤其是科技型人才区域聚集不均衡的风险评估方面的研究较少，亟待补充与完善。

最后，在风险评估方法方面，深度学习与风险评估领域的结合研究成果相对较少，该方法能有效分析非线性数据，符合科技型人才区域聚集不均衡的风险特征，可以更好地评估及预测风险。

通过对前人的研究总结发现，科技型人才区域聚集不均衡的状态已经引起了学者的关注，科技型人才聚集不均衡所带来的负向影响已经存在，已有学者从不同的角度进行了论述，但是从风险管理的角度进行分析的研究成果较少，现有文献几乎没有系统地从风险角度对科技型人才区域聚集不均衡问题展开研究。因此，本书将从风险管理的视角，对科技型人才区域聚集不均衡的风险进行深入的探讨，包括风险形成机理、风险的识别和风险的防控策略，以期完善人力资源管理理论中对于科技型人才区域聚集不均衡的研究，建立较为完整的科技型人才区域聚集不均衡的风险管理体系，同时拓展风险管理的研究范围。

1.3 研究内容与方法

1.3.1 研究内容

（1）通过梳理国内外科技型人才、区域发展、风险管理领域、深度学习的相关文献，在继承前人研究成果的基础上，分析已有成果的不足。在此基础上，本书力图通过创新性研究，确定研究对象、研究起点和研究思路，利用空间计量模型、深度学习等分析方法，对科技型人才区域聚集不均衡的风险进行定量分析及风险评估，为后文的分析和论述明确逻辑关系和结构安排，使得文章结构清晰，逻辑严密。

（2）对科技型人才区域聚集不均衡的风险机理进行分析，在分析科技型人才聚集现象特征的基础上，研究了科技型人才区域聚集不均衡所产生的经济性效应和非经济性效应，以及非经济性效应所引致的冲突，继而引发风险的机理。

（3）分析科技型人才区域聚集不均衡的时空特征，从科技、经济、社会三方面探究科技型人才区域聚集不均衡的空间效应。

（4）识别科技型人才区域聚集不均衡的风险因素，形成科技型人才区域聚集不均衡的“风险评估池”，通过文献分析、问卷调查等分析方法对已取得的数据进行分析，明确科技型人才区域聚集不均衡的风险影响因素。

（5）运用粗糙集筛选科技型人才区域聚集不均衡的风险评估指标体系，最终确定科技发展、经济发展、社会发展三方面的风险评估标准，19 个评估指标的科技型人才不均衡的风险评估指标体系。

（6）运用基于 Vague 集的模糊熵方法，计算风险因素权重，运用 TOPSIS 方法确定风险的标签值，运用基于 LSTM 的深度学习模型评估分析科技型人才区域聚集不均衡的科技风险、经济风险和社会风险，并运用 LSTM 的时间序列预测模型预测到 2030 年的科技型人才区域聚集不均衡的风险变化，对风险评估结果进行分析。

（7）提出科技型人才区域聚集不均衡的风险防控的对策建议。围绕前文确定的科技型人才区域聚集不均衡的风险影响因素，针对性地提出科技型人才区域聚集不均衡的风险防控策略，为管理部门建立完善的科技型人才区域聚集不均衡的风险防控管理体系提供政策建议。

1.3.2 研究方法

1. 文献分析法

文献分析法是指通过对现阶段的相关文献和资料进行搜集和分析，以达到研究目的的一种研究方法[114-115]。文献分析法是一个常用的研究方法，是所有研究不可或缺的重要环节之一，这也是由科研研究的基本特点所决定的。对于风险研究来说，文献的基本分析是基础[115]。文献分析对于了解科技型人才的特点、科技型人才的区域聚集原因以及带来的风险识别、风险评估方面的相关成果具有重要的作用。不仅可以了解现有的研究的基本情况，成为本研究的起点，还可以通过已有的研究中存在的不足，设计本书的研究思路，确定研究对象、研究内容和研究方法，以期顺利完成研究任务，取得可靠的研究成果。

本书运用该方法主要做了两项研究工作：

（1）对已有的研究成果分门别类进行梳理，厘清研究现状，发现研究不足。首先，系统整理了有关人才流动、科技型人才聚集、风险管理以及深度学习的国内外相关文献，从总体上把握了当前研究的基本情况与发展的趋势。其次，参考现有文献，设计了风险识别的调查问卷以及访谈提纲。最后，结合本研究的重点，对已有文献分类提取，找准了本研究的切入点。

（2）系统整理和分析了科技型人才区域聚集不均衡的相关文献，探究了科技型人才区域聚集不均衡的风险影响因素。

2. 问卷调查法

问卷调查法通过对与研究主题相关人员的问卷分析，整理调查问卷的信息，通过分析问卷内容，得出结论，验证假设。该方法的特点是高效直接，针对主观性较强的研究可以提供更客观的“证据”[116]。

该方法主要应用在风险识别及风险因素的确认阶段。为了更好地识别科技型人才区域聚集不均衡的风险因素，本书针对与研究对象密切相关的群体进行了问卷调查。调查主要涉及三类群体：在企业工作的科技工作者；在研究与开发机构的科技工作者；在高等学校从事相关工作的科研工作者。在借鉴相关调查问卷的基础上，结合本书研究内容和对象，设计制作了《科技型人才区域聚集不均衡的风险识别检查问卷表》（附录B），并在相关群体中进行了问卷调查。收集相关数据后，使用SPSS 22.0软件对问卷统计系统进行分析处理。共发放500份问卷，回收483份问卷，问卷有效率96.6%。

3. 半结构化访谈法

半结构化访谈是依据访谈提纲对被访谈者进行提问，鉴于半结构化访谈的灵活性，可以在访谈过程中依据访谈大纲问题进行自由的对话，发现可能未准备的问题，从而更全面地对风险因素进行识别。本书对与研究对象密切相关的群体进行半结构化访谈，设计《科技型人才区域聚集不均衡的风险访谈提纲表》（如附录A所示），获取到第一手资料，通过Nvivo11软件对访谈问卷进行了分析，提取了有效信息，作为最终制作相关问卷的资料基础[117]。依据访谈全面性和多样性原则，本研究将对科技型人才区域分布风险的最直接、最密切的相关者进行访谈，共涉及访谈对象52人（见表1-2）。访谈者的具体情况如表1-2所示：

表1-2　　半结构化访谈对象情况

访谈对象	样本选取/人	访谈对象	样本选取/人
工业企业工作的科技工作者	18	高等学校工作的科研工作者	12
研究与开发机构的科技工作者	22		

4. 空间自相关分析法

空间自相关分析是指在样本观测中，分析不同位置的观测值之间的相关关系，是分析事物空间联系的主流方法。地理学第一定律指出，事物之间都是相互影响的相关关系，距离相近的事物影响更加密切。不同变量之间的地理空间相关性会通过地理空间位置变化而对解释变量产生动态变化影响，因此要考虑变量之间的空间相互作用，更为真实地反映变量与解释变量间的关系[118]。科技型人才的聚集不仅受到地理空间的影响，而且会受到虚拟空间的影响，即产业聚集的影响，但本书主要研究科技型人才区域聚集不均衡问题，故需要将空间因素考虑进去，即采用空间数据来分析对应问题。运用空间自相关分析科技型人才的区域聚集不均衡问题，可以更加形象、直观地了解我国现阶段科技型人才聚集的空间分布情况以及发展趋势，从而为后续风险分析奠定基础。

5. 空间计量分析法

空间计量经济学是针对区域的科学模型，在进行统计分析的过程中，研究由地理位置、空间因素所引起的模型特性的变化的一系列技术和方法。主要是利用空间的面板数据来处理空间的相互作用关系，可以更好地分析空间结构。空间计量分析常见的模型有空间误差模型（Spatial Error Model，SEM）、空间滞后模型（Spatial Lag Model，SLM）和空间杜宾模型（Spatial Durbin Model，SDM），

（1）空间误差模型。该模型假定空间相关效应是由误差项的空间相关引起的，可以用来检验地理空间的差异是否引起了不同空间观测单元之间联系的差异性。其基本表达式如式（1-1）所示。

$$Y=\alpha X+\varepsilon \tag{1-1}$$

$$\varepsilon=\lambda W\varepsilon+\mu$$

式中：Y 为被解释变量；X 为解释变量；α 为系数项；ε 为随机误差项；λ 为空间误差相关系数；W 为空间权重系数矩阵。其中，λ 越大，说明误差项引起的空间相关性则越强。

（2）空间滞后模型。该模型是用来研究变量在空间维度内是否会产生溢出效应，其基本表达式如式（1-2）所示。

$$Y=\alpha X+\rho WY+\varepsilon \tag{1-2}$$

式中：Y 为被解释变量；X 为解释变量；α 为系数项；ε 为随机误差项；W 为空间权重系数矩阵；ρ 为空间自回归参数；WY 为空间滞后因变量。

（3）空间杜宾模型。该模型结合了空间误差模型与空间滞后模型的研究侧重点，可以研究包含被解释变量与解释变量的空间相关性。其基本表达式如式（1-3）所示。

$$Y=\alpha X+\rho WY+\theta W\overline{X}+\varepsilon \tag{1-3}$$

式中：Y 为被解释变量；X 为解释变量；α 为系数项；ε 为随机误差项；W 为空间权重系数矩阵；ρ 为空间自回归参数；WY 为空间滞后因变量；$W\overline{X}$ 为空间滞后自变量；θ 为空间自相关系数。

6. 基于 Vague 集熵权的 TOPSIS 评估法

在风险评估过程中，涉及的信息具有不明确性，专家评判意见可能较为模糊。Vague 集方法具有分析模糊关系合成的特性，在处理不确定信息或模糊信息时比采用模糊集理论更加有效[92]。TOPSIS 方法借助多目标对策问题的正负理想解对方案集中的各方案排序，正理想解是方案集中不一定存在的、虚拟的最佳方案，它的每个属性值都是决策矩阵中该属性的最好值；而负理想解则是虚拟的最差方案，它的每个属性值都是决策矩阵中该属性的最差值。将方案中各备选方案与正负理想解的距离进行比较，就可以得到各方案的优先序[93]。本书运用 Vague 集方法对科技型人才区域聚集不均衡的风险因素进行权重分析，得出对应的影响程度，并基于此计算得出 TOPSIS 的贴进度，并进行风险等级排序，作

为后续方法的标签值。

7. 粗糙集属性约简

粗糙集以研究对象本身存在的客观数据作为分析依据，从而研究出各数据之间的关系，反映出研究问题的内在联系[119]。其特有的属性约简对属性集进行删减，将不必要的属性剔除，保留必要属性，形成最小的属性集。粗糙集属性约简能够从较多指标中分析出对研究对象而言深层次的、重要的指标。

在粗糙集理论中，信息系统 S 可表示为有序四元组 $S=\{U, A, V, F\}$，其中 U 为论域，是一非空有限对象集，即 $U=\{x_1, x_2, \cdots, x_n\}$；$A=\{a_1, a_2, \cdots, a_n\}$ 是非空有限的属性集合，可以分为两个互相独立的子集，及条件属性集 C 和决策属性集 D，且满足 $C\cup D=A$，$C\cap D=\varphi$，V_a 是属性 a 的值域，即 $V=\cup V_a$，f：$U\times A\rightarrow V$ 为信息函数，使得对每一 $a\in A$，$x\in U$，有 $f(x,a)\in V_a$。

针对信息表 $S=\{U, A, V, F\}$，$R\subseteq A$ 且 $r\in R$，如果 $IND(R)=IND(R-\{r\})$，则称 r 在 R 中是冗余的，否则 r 在 R 中是必要的。

若 $P\subseteq A$，$X\subseteq U$，$x\in U$，集合 X 关于 I 的下近似为

$$apr_{-P}(X)=\bigcup\{x\in U: I(x)\subseteq X\}$$

集合 X 关于 I 的上近似为

$$apr_P^{-}(X)=\bigcup\{x\in U: I(x)\cap X\neq\varphi\}$$

X 的 P 正域为

$$pos_P(X)=apr_{-P}(X)$$

若指标集 A 和指标集 $A-a_i$ 生成的等价类的数量一致，那么指标 a_i 即为不可或缺的指标。本书以风险识别后的风险度量指标为初选指标，利用粗糙集属性筛选，最终确定科技型人才区域聚集不均衡的风险评估指标体系。

8. 深度学习方法

深度学习作为机器学习的分支，是机器学习领域中的一个新的研究方法，它的引入让机器学习能更好地发掘样本数据的内在规律和表示层次[109]。深度学习是一个复杂的机器学习算法，现阶段已在语音和图像识别等方面取得效果，远超过先前的相关技术。深度学习是一类模式分析方法的统称，它可以更好地发现大量数据的内在联系。现阶段已在各个领域开始应用。本书在风险评估阶段，由于指标数据的处理涉及 31 个省（自治区、直辖市）的 15 年的数据，指标数据与风险预测的关系复杂且不易准确预测，运用深度学习方法可以更好地找出无规律数据的内在联系，与本书研究目的十分契合，因此在风险评估阶段运用深度学习方法进行优化风险值处理，有利于得出相对客观准确的风险评估值。

1.4 技术路线

本书的技术路线如图 1-1 所示。

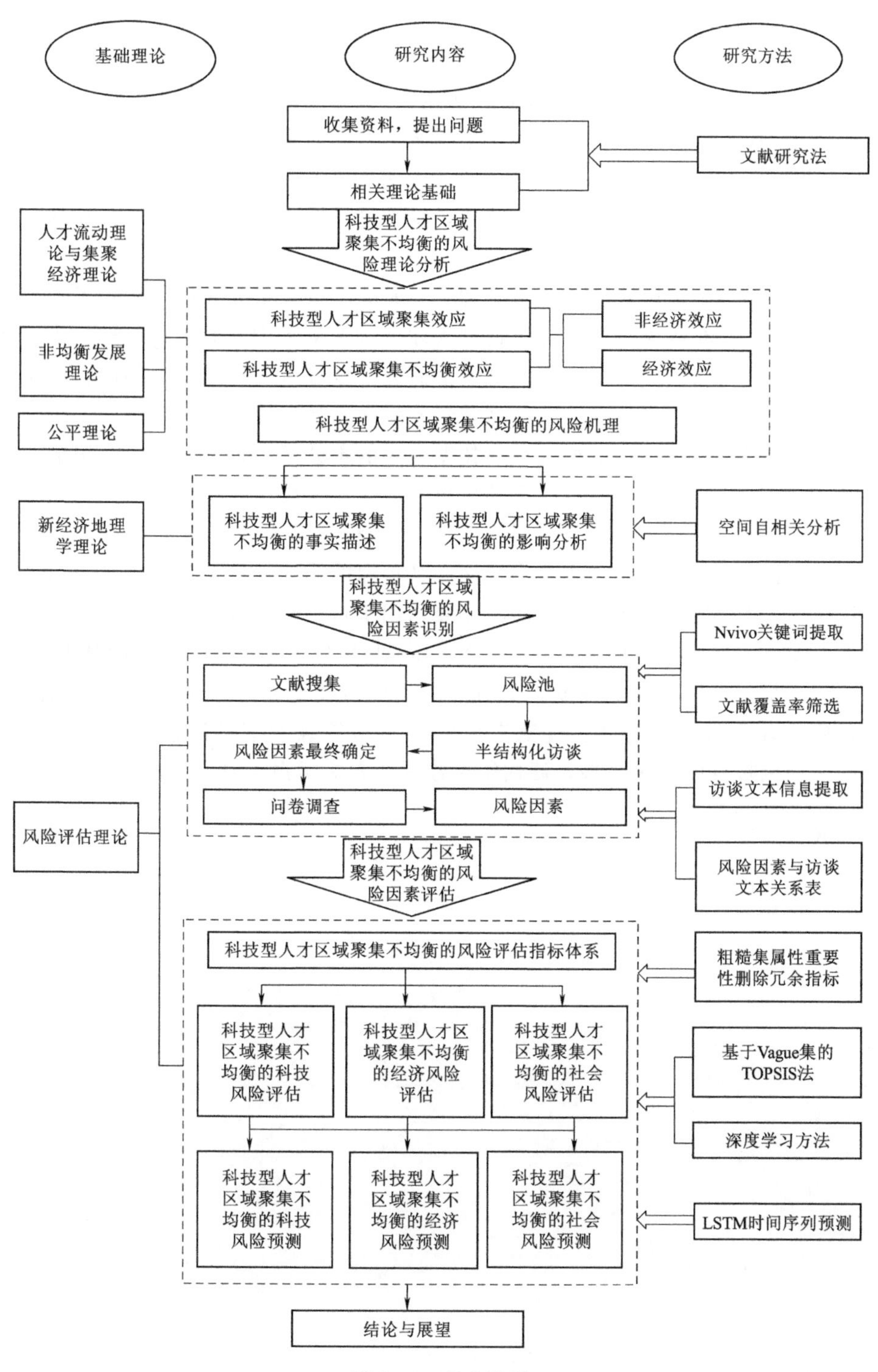
基础理论
研究内容
研究方法
收集资料，提出问题
文献研究法
相关理论基础
科技型人才区域聚集不均衡的风险理论分析
人才流动理论与集聚经济理论
非均衡发展理论
公平理论
科技型人才区域聚集效应
科技型人才区域聚集不均衡效应
非经济效应
经济效应
科技型人才区域聚集不均衡的风险机理
新经济地理学理论
科技型人才区域聚集不均衡的事实描述
科技型人才区域聚集不均衡的影响分析
空间自相关分析
科技型人才区域聚集不均衡的风险因素识别
Nvivo关键词提取
文献覆盖率筛选
文献搜集
风险池
风险因素最终确定
半结构化访谈
问卷调查
风险因素
访谈文本信息提取
风险因素与访谈文本关系表
风险评估理论
科技型人才区域聚集不均衡的风险因素评估
科技型人才区域聚集不均衡的风险评估指标体系
粗糙集属性重要性删除冗余指标
科技型人才区域聚集不均衡的科技风险评估
科技型人才区域聚集不均衡的经济风险评估
科技型人才区域聚集不均衡的社会风险评估
基于Vague集的TOPSIS法
深度学习方法
科技型人才区域聚集不均衡的科技风险预测
科技型人才区域聚集不均衡的经济风险预测
科技型人才区域聚集不均衡的社会风险预测
LSTM时间序列预测
结论与展望

图 1-1　技术路线

1.5 创新点

（1）运用集聚经济和新经济地理学等基础理论，进一步研究了科技型人才区域聚集不均衡的正负效应，丰富了科技型人才聚集的研究内容。现有的研究成果很少涉及科技型人才区域聚集的负效应研究，本书从科技型人才聚集现象入手，进一步研究了科技型人才区域聚集特征及区域聚集不均衡的正负效应，特别是负效应的研究成果，补充和完善了科技型人才聚集效应理论体系的研究内容。

（2）运用公平理论和风险评估等基础理论，研究了科技型人才区域聚集不均衡引致的风险机理。目前，现有成果鲜有研究科技型人才区域聚集不均衡的风险机理，本书从科技型人才区域聚集不均衡的负效应入手，理论上研究了负效应与区域冲突的内在联系，发现了冲突引致风险的机理。科技型人才区域聚集不均衡容易导致区域间科技、经济、社会发展的差异，而发展差异往往会造成区域科技型人才的不公平心理认知，不公平的心理认知是引发冲突的主要原因，而冲突容易导致风险的产生与发展。

（3）运用深度学习方法，建立了基于 LSTM 的科技型人才区域聚集不均衡的风险评估模型。深度学习方法可以处理大量多层次交叉传递的非线性关系数据，具有对大量非线性交互关系数据处理的明显优势。现阶段主要运用于自然科学领域技术风险评估，较少用于经济管理领域风险评估，本书运用基于 Vague 集的 TOPSIS 评估系统计算 LSTM 评估模型标签值，将基于 LSTM 的深度学习方法运用到科技型人才区域聚集不均衡的风险评估中，实现了 31 个省（自治区、直辖市）15 年风险等级的定量评估，并预测了 2020—2030 年的区域风险发展变化趋势，评估结果较其他方法增强了科学性和可靠性。

第 2 章

相关概念界定与理论基础

2.1 相关概念界定

依据前文对前人研究成果的梳理，明确本书的研究对象为我国科技型人才区域聚集不均衡的风险及风险管理。为了深入分析和研究科技型人才区域聚集不均衡的风险内容，本章运用人才流动、非均衡发展、风险评估等相关理论，界定和阐释科技型人才、科技型人才区域聚集不均衡的风险概念。

2.1.1 科技型人才定义

鉴于不同时期社会经济文化发展背景的差异，会对科技型人才概念的界定有所影响，因此“科技型人才”是一个动态的概念。它的标准和特征具有时代性，其内涵会随着历史的推移而发展。目前，科技型人才概念的界定应具备以下内涵：具有一定的专业知识或专业技能，具有创造性劳动的能力，且可以为推进社会进步、经济发展以及科技创新做出积极贡献的人才。2017 年，科技部印发的《“十三五”国家科技型人才发展规划》（国科发政〔2017〕86 号）对科技型人才的定义为“具有专业知识或专门技能，具备科学思维和创新能力，从事科学技术创新活动，对科学技术事业及经济社会发展做出贡献的劳动者”。

从科技部的定义中可以看出，科技型人才首先是知识型人才，其数量和质量是衡量地区乃至国家科技事业发展水平的重要标志之一；其次，他们应是具有创新能力的人；第三，他们所从事的工作是科学活动，且对社会是有贡献的。因此，作为拥有专业技能、较强科研能力的群体[120]。科技型人才应具备以下特征：

（1）时代性。科技型人才的才能不仅是自身创造力的体现，而且也依托了社会生产力的发展。他们这一特征主要指的是在不同的时代、不同的社会背景下，在特定环境中科技型人才的技术创造力是符合当代的发展特点与要求的。在不同的时代，科技型人才具有不同的时代特点，是时代的发展标志[121]。

（2）具有相应的专业特长和合作精神。依据科技部对科技型人才的定义可知，科技型人才是掌握专业技能的人才，因此一般受过较为系统的专业教育，且具有较高的学历，往往会熟练或精通一种或多种专业的技能和知识，个人素养相对较高[121]。随着科学技术不断发展，科技型人才所从事的主要工作越来越呈现出学科交叉和综合化的特点。实践表明，重大科研项目的完成往往需要各方面的专业人才参与，相互配合与协作，因此科技型人才只有具备高度的合作精神，才能完成整体科研目标和任务。

(3) 具有独特的价值观。与一般劳动者相比，科技型人才的特点决定了他们是具有自我约束与管理、自我创新精神的群体，也是一个努力实现自我价值的群体。他们往往注重自我价值的实现，具有较强的表现欲望。基于他们为社会贡献的价值观，精神激励和成就激励比一般物质激励更有效，对他们的研究精神及贡献度的认可往往成为他们工作的动力。

(4) 追求自主性，富有创新精神。科技型人才最本质的特征之一以及有别于其他劳动者的首要条件就是创新性[122]。科技型人才的工作不是简单的重复性的体力劳动，他们需要在复杂多变或未知的环境中，依靠自己的专业技能与知识积累，通过自己的禀赋与灵感，进行重复性的探索劳动，得出可以推动科技进步的产品或理论。科技型人才需要不断探索未知的事物或领域，从中寻找其内在的客观规律，创造出新技术、新产品、新工艺[122]。其工作试验往往要应对各种可能发生的情况，因此，科技型人才是一群不怕挑战、不怕失败的群体，是一个既富有活力，又善于自我管理的群体。他们更注重工作中的自我引导，更倾向于较为灵活的工作环境、更为自主的组织结构，难以受制于人与物，用富有创造性和科学性的研究结果，推动科学技术的进步和产品的创新。

(5) 具有难以监督的特性。科技型人才作为特殊的人力资本，与普通人力资本相比，更加难以监督。科技型人才主要提供的是有创造性的劳动，更多的是思维活动，过程往往难以定量化考核，需要依据环境、结果及时调整流程与步骤，因此最终成果展示前的过程往往是无形的，有很大的随意性，更具创造性和主观性[119]。就科技型人才的劳动成果而言，会以某种理论、创意、发明创造、管理创新等形式体现，其成效往往难以立竿见影，也难以直接测量。针对现阶段的科技发展状况，这种成果不仅是个人科技知识的应用与创新，也需要依靠大量的科技设备和科技手段，并且难度加大，创新更迭速度加快，因此科研成果多是科研团队合力的结晶，也非靠个人就可以独立完成的。基于以上原因，对科技型人才的监督存在着技术和成本上的双重困难[123]。

(6) 具有较高的流动性。科技型人才具有较高的流动性。人才所掌握的知识、技能以及拥有的不断创新能力均“储存”于他们的头脑中，不是某个组织或企业能完全拥有和掌控的，这也就导致科技型人才可以更“自由”地追求自我价值的实现。因为科技型人才对“自我实现”的精神价值追求更为强烈，导致他们在追求“个人价值”的过程中流向那些更能给他们带来理想环境与条件的地区、组织，寻求自我发展[8]。出于对自己职业的感觉和发展前景的强烈追求，科技型人才流动成为较为普遍的现象。

2.1.2 科技型人才聚集度的定义

杨河清曾通过科技型人才聚集度来考量我国各省（自治区、直辖市）人才资源所携带的人才资本、技术、科研成果在区域间的集中程度与聚合程度，用来反映各地区的人才聚集状态及人才发展水平[124]。科技型人才聚集度指标可以完整地反应人才的集聚规模、人才的集聚质量与人才的集聚状态[124-125]。本书选择科技型人才聚集度 STA (Scientific Talent Accumulation) 作为一个地区科技型人才聚集程度的衡量指标，其具体的计算公式如下：

$$STA=\frac{\frac{ST_i}{TL_i}}{\frac{ST}{TL}} \qquad (2-1)$$

式中：ST_i 为 i 地区科技型人才总数；TL_i 为 i 地区总人数；ST 为全国科技型人才总数；TL 为全国总人数。

2.1.3 风险定义

信息化迅猛发展的现代社会，随着技术进步和全球化的进程加速，使得风险的种类和复杂程度均呈几何状态增长。依据以往的研究，对于风险的定义主要有以下观点：风险是损失的可能性；风险是不确定性；风险是实际结果与预期结果的偏差；风险是未来结果的变动性等[65-73]。针对不同的环境，风险的定义往往会依据这些特定的场景做具体的描述，通过以上对现有风险定义观点的列举可知，所有类型和规模的组织都面临内部和外部的、使组织不能确定是否合适的实现其目标的因素和影响，这种不确定性所具有的对组织目标的影响就是“风险”。若要对风险进行评估，“风险”的定义成为了后续研究的逻辑起点，也是风险理论的最基本术语，需要在抽象意义上对其特征进行科学的界定[73]。风险的基本特征包括：

（1）不确定性。不确定性是风险的本质属性和核心特点。这种不确定性是指与事件和其后果或可能性的理解或知识相关的信息的缺陷的状态[123,126-127]。

（2）相对性。风险是相对一定的主体而言的，相同风险对于不同主体会产生不同的影响程度。由于不同主体的风险承受力和反应力不同，其抗风险能力不同[126-127]。

（3）可控性。风险的可控性是指在一定条件下，通过一系列方法，对风险进行识别、预测，并通过对应的风险管理措施以减少遭受损失的可能性[126]。

2.1.4 科技型人才区域聚集不均衡的风险定义

通过 1.2 中对科技型人才流动聚集以及风险的相关研究总结，并依据 2.1.1 和 2.1.3 对科技型人才以及风险的相关定义，可知科技型人才由于拥有较高的创新能力，其聚集会提升地区创新发展的活力，也会带来更多的人力资源、生产资源的主动流入，各种生产要素的大量过度聚集也会给地区发展带来负担。科技型人才流动的便利性，使得科技型人才的流出区域不仅损失科技型人才这种创新生产要素，还带来经济发展缓慢、社会冲突增多、科技创新动力不足的可能性。可知，科技型人才区域聚集不均衡的风险指的是由于科技型人才区域聚集不均衡状态导致的区域之间和区域内部出现科技资源配置效率降低、国民经济整体生产要素回报率降低、社会冲突增加等负向效应可能性。由于科技型人才区域聚集不均衡的风险直接或间接的包含了科技风险、经济风险和社会风险，因此本书采用：$T=\langle T_1, T_2, \cdots\rangle$，表示导致科技型人才区域聚集不均衡的科技风险因素；$E=\langle E_1, E_2, \cdots\rangle$，表示导致科技型人才区域聚集不均衡的经济风险因素；$S=\langle S_1, S_2, \cdots\rangle$，表示导致科技型人才区域聚集不均衡的社会风险因素，那么，科技型人才区域聚集不均衡的风险（STR）可以表示为

$$STR=\{E,S,T\}=\{\langle E_1,E_2,\cdots\rangle,\langle S_1,S_2,\cdots\rangle,\langle T_1,T_2,\cdots\rangle\} \qquad (2-2)$$

科技型人才对于区域发展有重要作用，科技型人才区域聚集不均衡的风险会直接影像

区域科技产业的发展，科技产业作为地区经济增长的主导产业，进而影响经济发展，经济发展的不协调又将增加社会不稳定的可能性。因此科技型人才区域聚集不均衡的风险内涵有三：

（1）科技型人才作为科技创新的重要力量之一，其聚集程度往往代表着区域的科研水平、科技创新能力的发展潜力。不同区域科技型人才聚集的规模和质量的差异，会引发聚集程度较高区域的科技资源配置数量持续增加，当超过供应极限时，就会导致科技资源的供小于求，不仅造成科技人力资源的浪费，还会因为竞争科技资源产生各种冲突和风险；同时，科技型人才聚集程度较低的区域，因人才规模和质量较低，出现“小马拉大车”或“没马拉车”资源配置现象，使科技资源配置效率降低、浪费严重，产生“需求配置不当”冲突与风险。

（2）由于科技型人才区域聚集不均衡直接或间接导致区域经济发展出现巨大差距，使得区域经济发展不能协调。科技型人才最基本的特征是创新性，创新是科技产业的不竭动力，科技产业是区域可持续发展的最佳推力，因此，科技型人才区域分布不均衡会导致区域经济的可持续发展推力不足[150]。科技型人才对于区域的贡献具有潜在性和滞后性，部分科研成果的经济价值难以短期见效，有一个由隐形到显形的过程，即具有一定的隐蔽性，需要长期的资源积累及响应时间。区域科技型人才聚集不均衡所产生的各种效应，包括经济效应、社会效应等，均有一定的滞后性，即隐蔽过程。虽然短期内难以显现，但从长期来看，由于其涉及面广、程度深、复杂性强，若不事前预防，在显形阶段将会给区域协调发展带来巨大的损失。

（3）科技型人才的区域聚集会导致流入区域城市负担加重，资源配置成本加大，社会负荷加重，运行效率降低，各种社会冲突和风险显现。流出区域人口减少，社会功能与流入区域差距越来越大，出现“马太效应”。任何科技主体的活动都不是孤立的，科技型人才区域聚集不均衡的风险不仅会影响人才的整体效用，还会给社会带来负向影响。相比人力资源风险在组织内部或组织间的传导，科技型人聚集不均衡在区域之间的传导会导致更大更深的负向影响，对社会发展的冲击力很大。

由于科技型人才区域流动是一个动态过程，科技型人才区域聚集不均衡，可能引发区域科技创新能力的差异；在科学技术的有力推动下，区域科技进步的差异可能导致区域经济发展质量水平的差距；区域科技发展和区域经济发展的差距，可能引起区域社会发展的差距。当这些差距在其他因素的共同作用下，超过人才区域聚集公平认知的范围后，就会引发科技型人才区域聚集不均衡的风险。科技型人才区域聚集不均衡的风险具有多元化和复杂性的特性，不同区域的社会经济发展水平、自然地理环境、科技政策、科研氛围等均会导致区域对科技型人才的吸引力不同，对风险的承受力和反应力也不同，即抗风险能力不同。同样的人才分布，在区域发展的不同阶段其风险影响程度也不同。最初科技型人才区域聚集不均衡的风险对区域科技、经济、社会的发展影响相对较小，但随着不均衡程度加剧，科技型人才区域聚集不均衡的风险的不利影响程度会扩大和提高[127]。这种复杂性和多元性导致了科技型人才区域聚集不均衡的风险具有较大的不确定性，难以准确地进行预测，但是通过科技型人才区域聚集不均衡的风险识别，可以判断得出科技型人才区域聚集不均衡的主要风险因素，因此，当科技型人才区域聚集不均衡的风险产生时，可以通过对科技型人才区域聚集不均衡的风险各个环节进行分析，采取有效措施调整各环节功能和作用力，实现对该风险的防控。

2.2 理论基础

2.2.1 人才流动理论与集聚经济理论

1. 人才流动理论

人才流动是经济社会发展的必然结果，也是市场经济条件下生产要素的正常流动，其合理的流动可以让人才之间的思想进行相互碰撞，激发知识交流和创新，挖掘人才潜能，充分发挥其聪明才智，产生经济性效应（正效应）。但是若流动的方向长期过于聚集和集中，也会导致该区域人才聚集过度，超过其资源配置能力，就会出现该地区资源供不应求，既会出现人力资源浪费，也会出现物力资源配置效率降低。同时，还会导致其他地区人力资源供不应求，科研等物力资源供大于求，一些重大研究项目无人就地承担，出现“小马拉大车”现象，最终使国家资源的整体配置出现“东资西调”或“西资东调”，区域社会经济发展呈现“畸形增长”，即区域发展不协调[128-129]。因此，用人才流动理论可以分析人才流向的合理性及出现的正负效应的可能性。

人才流动理论主要包括 Adherer 提出的 ERG 理论、Lewin 提出的场论，还有从政府角度提出的政府行为理论。

(1) ERG 理论。1969 年，美国学者 Adherer 以马斯洛提出的需求层次理论为基础，将人类的各需求层次进行了重新的整合与划分，提出了 ERG 理论，该理论包括生存需要理论（Existence Needs）、相互关系需要理论（Relatedness Needs）和成长发展需要理论（Growth Needs）[130]。

生存需要理论与马斯洛提出的生理需求和安全需求理论大同小异，是人类最基本的生存需求理论；相互关系需要理论与马斯洛提出的社交需求和尊重需求理论基本吻合，是指人才生存与发展需要与外界进行联系，将自身孤立于世界之外或切断与外界联系是几乎不存在的；成长发展需要理论对应着马斯洛提出的自我实现需求理论，即人才可以在工作中或其他地方发挥自身的能力和优势，提升自身的素养和水平，从而实现自身的发展和进步[129-130]。该理论可以总结为三方面的观点：一是在三个需要层次中，并不是刚性上升结构，它们可以同时呈现影响或者作用关系，即个人在生存需要还未满足的前提下，可以同时追求相互关系方面和成长发展方面的需要；二是三个方面的需要仍存在高低之分，即个体对于需求的追求往往是先满足生存需求，然后是相互关系需求或成长发展需求；三是个体在某一环境中需要得不到满足后，会转向其他环境寻求自身的需要满足感。

根据这一理论，可以假设有 A 和 B 两个区域，A 区域经济发展水平高，能够快速便利地满足个体的生活和生存需求，而 B 则与之相反，如果某科技型人才想要追求最低层次的生存需要，但 B 区域无法满足，那么他会转向 A 区域寻求自身的发展，这种流动将是持续的。所以根据这一推论，我国科技型人才流向聚集于东部地区是由东部地区各方面的发展优于、快于中西部地区的状况决定的，因此，科技型人才将持续聚集于东部地区，出现东中西聚集不均衡的状态具有一定的持续性和必然性。本书在对科技型人才区域聚集状况的分析运用该理论。

（2）场论。1936 年，Lewin 以物理学中的“场”为物化对象，提出了心理学中的场论，也称为场动力理论。在物理学中，场是较抽象的概念，可以称为空间的函数，比如磁场、引力场等，在社会心理学中，生活空间也是一种“场”，个体行为的决定性因素是所处的生活空间[131]。

该理论主要有以下三个含义。一是指人的心理活动是在“场”内发生的，心理活动能够影响个体行为，因此个体行为的表现会由“场”决定，但心理活动是随时可能发生变化的。随着年龄或者所处环境的变化，个体的心理活动可能会发生较大的转变，个体的行为表现也会随之发生变化。二是指生活空间是可以切割的，可以将其划分成若干区域，当心理活动发生改变时，若想追求更高水平的生活，那么生活空间就会从一个区域转移到另一个区域。同时这些生活空间会随之变得更为丰富。三是如果个体的心理内部存在想要追求某一外在条件的意愿时，自身就会产生“不平衡”的感觉，从而就会采取种种行动，降低不平衡感，也就是说个体会随着自身的目标发展而不断变化生活空间区域，从而实现自身实力的不断提升，呈现动态化效应[132-133]。

作为本书研究对象的科技型人才，当具备强烈的自主性与创新精神时，其行为也会表现出较为强烈的积极进取的工作态度，不断的提升工作能力；当个体所处的“生活空间”无法满足现在自身的要求时，就会通过流动变化“生活空间”，实现自身更高层次的满足。因此，从这一角度来说，科技型人才由于对自身要求较高，自我满足感需求较大，当出现科技型人才区域聚集不足地区在短期无法提升自身硬件条件时，他们会通过构建自我满足的“场”来改变这种不均衡的状态。如果某区域能够为科技型人才提供其所需要的配套条件，他们就会流向该区域。科技型人才区域聚集不均衡状况的形成即为该理论的体现。

（3）政府行为理论。关于政府在市场经济中承担何种角色、发挥何种作用一直存在着争议，在经历金融危机之前，部分学者和政府工作者信奉“无为而治”的思想，当市场经济中存在的固有冲突引发了 20 世纪 90 年代的金融危机后，许多学者又开始纷纷主张实行“政府干预”[134]。政府干预行为可涉及经济、社会、科技、文化、法制等多个方面。他们主张建立强制性的干预机制，以期达到国家社会经济的协调运行。

政府行为以其职能的发挥为基础，主要有经济职能、行政职能等，但其本质则追求的是宏观调控作用[135]。在国家宏观经济体系中，从短期或特殊时期来看，当国家资源配置出现严重的供不应求时，可实施不平衡发展战略，将资源向部分地区集中配置，提高资源配置效率，促进该地区优先发展，以便积累资金和经验。但从长远角度来看，国家会追求区域间均衡发展。当优先发展地区的社会经济发展水平较其他地区高于一定程度后，区域间就会引发各种冲突，显露风险现象。此时，国家就应该进行宏观调控，采取强制性干预机制，实施资源配置区域转移，即资源配置由优先发展地区向其他地区转移，以带动其他地区的后续发展，实现区域间发展相对平衡，即区域协调发展，以缓解区域冲突，防控区域风险。如果国家不实行宏观调控和资源配置强制性干预，那么宏观经济体将会被分裂成层次等级不同的经济体，经济鸿沟必然出现，影响国家可持续发展[136]。目前，东部省份与中西部省份所实行的对口帮扶、对口支援就是为了提升区域均衡发展水平的宏观调控措施之一，可以防控目前区域间可能出现的部分风险[136]。

2. 集聚经济理论

20世纪90年代，经济学家韦伯提出了集聚经济理论[32]。集聚经济是指由于产业的空间集聚可以促进劳动力组织的专业化，节省交易成本，也就是说空间上的产业集群是可以规避中间商等环节，为企业带来节约成本等正向影响。当集聚适度时，出现正的外部性，即发生集聚经济；当集聚不适度时，出现负的外部性，即发生集聚非经济。

科技型人才是劳动力中的优质要素，其集聚效益符合集聚经济理论的基本原理，当科技型人才在一定规模范围内集聚时，也就是集聚经济的正效应阶段，单位成本中分摊的固定费用减少，往往会由于科技型人才规模的扩大而使集聚经济效益得到提高；当科技型人才扩张到一定规模以后，如若持续扩大规模，就会导致单位固定成本增加，资源配置效率下降，出现规模非经济现象。科技型人才的流动在一定程度上影响着区域间的科技、经济和社会发展水平，加大区域发展差距，引发一定风险。本书通过对科技型人才区域聚集不均衡的风险评估，力图引起相关部门的足够重视，可以有针对性地出台一系列的政策进行调控，以降低区域风险产生的概率和影响范围，达到风险防控的目的，最终实现区域均衡发展。否则，已经显露或尚未显露的区域风险可能会积小成大，最终引发宏观层面上的危机。

2.2.2 区域非均衡发展理论

“均衡发展理论”与“非均衡发展理论”是区域发展的战略研究上长期盛行的两种经典理论。20世纪50年代后期，罗森斯坦·罗丹、拉纳格·纳克斯等提出了均衡增长理论，该理论强调部门、区域计划均需均衡增长的重要性，这一理论主要强调资源配置的公平性，而忽视了资源配置的效率。因而遭到了许多学者和部分国家政府的抵制，应用范围受到了限制。艾伯特·赫希曼、沃尔特·惠特曼·罗托斯、弗朗索瓦·佩鲁、汉斯·辛格、冈纳·缪尔达尔等论证了非均衡的增长过程，从不同的角度切入，提出“非均衡发展理论”，该理论主要强调创造短期局部的非均衡，并最终达到长期全局的均衡[137]。理论上“均衡发展理论”是可行的，但是在实际操作中却受到质疑，对现实的解释力度较弱，而“非均衡发展理论”对于现实的解释力度更强，也被更多的学者所接受[128]。区域非均衡发展理论涉及不同的领域，本节仅以经济发展领域和教育领域进行介绍。

艾伯特·赫希曼（A. O. Hirschman）最早提出了非均衡发展理论，是对早期的“区域均衡发展理论”的修改和反思，指出了均衡发展理论的局限性，但是并未完全否定。非均衡发展理论主要针对发展中国家在投资资源有限的情况下，经济发展应当实行不平衡增长战略。从深层内涵来看，非均衡发展理论并不是一个单一的理论，其理论体系包含的理论见表2-1。

表2-1　非均衡发展理论体系的主要理论

理论名称	理论内容	适用范围
循环因果理论	经济发展过程在空间上并不是同时产生和均匀扩散的，而是从一些条件较好的地区开始，然后带动周边发展[137]	发展初期为区域经济发展提供更加高效的发展策略，主要适用经济发展领域
增长极理论	增长并非同时出现在所有部门或者所有地方，它以不同的强度首先出现于一些增长极上，然后通过不同的渠道向外扩散，并对整个经济产生不同的影响[138]	着重强调产业的关联性，考虑到经济发展的空间因素，适用范围较广

续表

理论名称	理 论 内 容	适 用 范 围
梯度理论	区域经济的兴衰取决于它的产业结构，进而取决于它的主导部门的先进程度[139]	强调了社会结构各因素的累计作用，是综合影响结果，适用于各类问题分析
核心-边缘理论	区域由互不关联、孤立发展，变成彼此联系、发展不平衡，又由极不平衡发展变为相互关联的平衡发展区域系统[136]	解释经济发达地区，带动边缘经济落后的区域

基于以上各学者主要理论的对比介绍，针对我国现阶段表现在科技型人才这种生产要素从不发达区域向发达区域聚集的现状，本书仅对增长极理论和梯度理论进行解释。

（1）增长极理论。1955 年，Francois Perroux 提出了“发展极”和“增长极”概念，并据此形成以“不平衡动力学”或“支配学”为基础的不平衡经济增长理论。主要内容就是在区域经济空间上的某具有代表性地位的“增长极”，可以通过创新等能力来促使周围的经济空间形成乘数扩张效应，从而带动整个区域空间布局的经济发展。具体来说，“不平衡动力学”和“支配学”是指在抽象的经济空间领域，存在着类似于地球磁场的“磁极”，而“磁极”总是处于不稳定状态的，在不稳定状态中又产生着离心力和向心力。也就是说，经济空间中的“增长极”是处于非平衡状态的“磁极”，即能够产生创新支配能力的企业或者行业，它们可以依据自身的优势产生“向心力”和“离心力”，也就是“极化效应”和“扩散效应”，从而带动在这一部分的经济空间产生越来越多的“增长极”，最终形成经济网络，提升经济增长的辐射效应[138]。增长极理论可以很好地解释我国现阶段的科技型人才聚集状况，东部地区作为科技型人才“增长极”，现阶段一直停留在极化效应阶段，并未很好地发挥扩散效应。若扩散效应得不到发挥，区域发展冲突将会增多，难以长期稳定协调发展。

（2）梯度理论。当分析产品生命周期的时间序列时，可以将其分为新产品出现、产品成熟、产品标准化阶段，相应的在空间上可以表示为梯度的扩散，也就是说，经济、科技发展水平高的地区会优先生产新产品，产生大量的收益；当发展到一定阶段，产品工艺已经成熟，经济、科技发展水平低的地区也可以生产时，产品生产工厂可以转移，梯度效应显现，相应的边际收益就会逐渐降低，最终产品会实现标准化生产，完成梯度转移。在该理论中，高梯度地区在实际中表示为创新的前沿性，随后低梯度地区只能承接转移，假设该理论的推断与实际相符，那么科技创新能力强的东部地区经济增速会永远高于中西部地区，区域协调发展也就不可能实现[139]。东部地区的梯度效应已经十分明显，却迟迟没有梯度转移，这种梯度差异不断扩大，将会产生社会不稳定的隐患。该理论为科技型人才区域聚集不均衡的负效应体现的理论基础。

2.2.3 公平理论

公平理论是研究工作报酬分配的合理性、公平性对职工工作积极性影响的理论。人才问题必然会涉及公平的研究，尤其是科技型人才领域，科技型人才资源分布的不均衡直接影响区域科技发展的公平性，科技发展的公平性又关系到社会与经济的公平发展[140]。

美国功能派学者帕森斯提出“社会系统理论”。该理论认为，彼此相联系的许多“行动者”组成了整个社会系统，而且在系统内部，存在“行动者”普遍认同的文化符号，在从事行动时，可以具备公认信服的价值符号，否则社会系统难以运行，而人才事业就是社会系统的子系统部分，如果人才公平不能实现，那么社会公平也就无从谈起[141]。

在国家分配科技型人才资源时，虽然会极力避免资源分配不均，例如我国在中西部地区投入大量教育资金支持高等教育建设，但是科技型人才资源供给的非均衡现象仍然是存在的事实[142]。在科技型人才的成长过程中，必然要到高等学府去深造，而我国东部地区的高水平高等学府远远多于中西部地区，科技型人才的东部集中与其有密切的关系，这也是科技资源非公平的具体表现。科技型人才的合理分布离不开资源的公平分布，资源的合理分布也影响着科技型人才的区域聚集。因此，本书对科技型人才区域聚集不均衡的分布也是基于社会公平发展的考虑，不公平心理感知进而形成冲突，引发风险。

2.2.4 风险评估理论

风险评估（Risk Assessment）是指在风险事件发生之前或之后（但还没有结束），该事件给人们的生活、生命、财产等各个方面造成的影响和损失的可能性所进行的量化评估工作[129]。风险评估就是量化测评某一事件或事物带来的影响或损失的可能程度。风险评估是风险管理的基础，是机构、组织等确定安全可行的重要参考依据，是安全管理体系的重要环节。

依据 1.2.3 对风险评估的文献梳理可知，风险评估理论需要从风险识别、风险分析、风险评价 3 个步骤展开论述。

（1）风险识别。风险识别是对导致风险发生的特定系统中的风险因素的确定并定义特征的过程，这个过程是风险管理的第一步，是后续风险分析、风险评价的基础与起点，也是最重要或最困难的工作之一[74]。这个过程主要是识别出有哪些因素导致了哪些风险，辨认出风险主体面临的各种风险性质。这个过程的主要意义在于它是风险管理的基石，如果不能有效地、准确地进行辨识，就会失去有效防控这些风险的机会，丧失了风险管理的意义。

（2）风险分析。风险分析的过程是量化风险的过程。这个过程主要是对识别出的风险进行准确的描述，然后评估这些风险发生概率的高低，利用特定的系统方法对发生概率或者风险损失的大小进行定量计算的过程[81]。风险分析的过程往往包括：频率分析，即分析风险发生的概率或可能性；后果分析，即分析这些风险在对应的风险环境下的发的后果或造成的损失，这其中包含情景分析和损失分析。情景分析是指通过环境模拟或设想来分析在特定环境下风险发生后导致的各种后果；损失分析是指定量分析风险发生后造成风险主体的损失及影响。

（3）风险评价。风险评价是对实施主体实现目标的影响程度、风险的价值程度的评估等。在对特定系统中所有危险进行风险估计之后，需要根据相应的风险标准判断该风险是否可以被系统接受，是否需要采取进一步的安全措施，这就是风险评价。一般来说，风险估计可与风险评价同时进行。

上述风险评估的一般理论过程给出了风险评估的主要思路。即首先，利用风险评估的一般过程和理论框架，重点对区域科技型人才区域聚集不均衡所产生的影响进行分析，包括对经济、社会和科技 3 个层面的影响进行研究；其次，对科技型人才区域聚集不均衡的风险因素进行识别；最后对科技型人才区域聚集不均衡的风险进行动态评估，以便提出具有针对性、可操作的防控对策与建议。

2.2.5　新经济地理学理论

在当前世界经济一体化和区域一体化的背景下，传统的经济理论难以更好地解释现有的独具地域特色的经济现象，从而出现了新经济地理学视角[144]。新经济地理学是针对当前不同层次的经济活动均有高度空间聚集的情况而产生的，其理论假设是报酬递增和不完全竞争理论。新经济地理学将比较优势、外部性等问题内生化，对于非均衡的经济学问题进行了解释，更有现实意义[143-144]。新经济地理学明确考虑了由空间因素带来的对研究领域的影响，在对区域的研究中添加区域空间结构，可以更好地解决空间依赖关系、空间异质性、空间动态和空间模拟问题。空间计量经济学作为新经济地理学的完整分支，其应用领域十分广泛，从区域经济学研究到劳动经济学、能源经济、产业经济等多方面的研究，使得传统研究领域上升到空间层面，丰富和完善了经济社会研究的深度与客观性。空间计量经济学模型分为空间横截面模型和空间面板数据模型，现阶段使用较多的为空间面板数据模型。空间横截面模型分为空间滞后模型、空间误差模型、空间杜宾模型，空间面板数据模型有固定效应模型和随机效应模型[143]。

科技型人才作为流动性较大的生产要素，其区域聚集问题必然受到地域空间因素的影响，空间的相关程度会随着科技型人才对区域发展的影响的加深而增加，其在不同空间上的聚集程度不同，这种聚集具有明显的空间非均衡性，且空间的聚集变化是非线性和非单调的，这种空间聚集符合新经济地理学的研究范畴，对于科技型人才区域聚集的空间计量学分析会更加客观全面地反映出科技型人才区域聚集的空间特征与变化趋势。因此，运用新经济地理学的相关模型概念进行科技型人才区域聚集的特征、效应、机理研究更具有现实意义。本书依据新经济地理学对科技型人才区域聚集不均衡的效应与风险分析，可以更好地揭示科技型人才区域聚集的相关特征，并对科技型人才区域聚集不均衡的风险等级进行空间划分，更好地解释科技型人才区域聚集的空间复杂性，针对性地提出防控风险的对策建议。

2.3　本章小结

本章首先通过对科技型人才聚集、区域发展、风险评估等相关文献梳理和分析，基本掌握了本领域的前沿研究动态及发展趋势，发现了现有研究成果的局限性，确定了后续研究的重点对象和内容。其次，界定了科技型人才、科技型人才区域聚集不均衡的风险相关定义，为后续的研究奠定了基础，并找到了切入点。最后，梳理和阐释了人才流动理论、集聚经济理论、非均衡发展理论、公平理论、风险管理理论、新地理经济学理论等理论的基本内涵，以及对科技型人才区域聚集不均衡的风险分析的理论指导作用。

第 3 章

科技型人才区域聚集效应与区域聚集不均衡的风险理论分析

科技型人才聚集效应是指由科技型人才聚集产生的各类效应的加总，因此，研究科技型人才聚集效应应首先分析科技型人才聚集现象的内涵与特征。新经济地理学认为，在规模报酬利益驱动下，经济要素在流动过程中总是流向边际收益较高的产业和区域，形成了经济要素的产业聚集和空间聚集[143-144]。经济要素的空间聚集由于地理资源禀赋要素等差异，也会出现核心与边缘经济发展现象，形成经济活动空间分布的非均衡，这是区域发展差异的主要原因[145]。保罗·克鲁格曼在 20 世纪 90 年代初建立了核心-边缘模型（core - periphery model)，该模型用于分析在不同地理空间下的经济活动及内生机制，说明生产要素流动性的相互作用如何导致空间经济结构的变化[144]。

科技型人才是一种特殊的生产要素，其流动会受到宏微观多方面因素的影响。宏观方面，由于区域发展差异，科技型人才会从边际收益低的地区流动到边际收益高的地区；微观方面，科技型人才具有较高的自我实现追求，会从机会较少的地区流动到机会较多的地区。因此，某些地区的科技型人才密度高于其他地区，产生科技型人才聚集现象，在适宜的环境条件作用下，会产生科技型人才区域聚集的正负效应，进而进一步出现科技型人才区域聚集不均衡现象，即正负效应，而负效应又会引发区域间科技、经济、社会发展的差异，差异又会引致区域间的不公平心里感知，最终引起区域间冲突的发展，形成科技型人才区域聚集不均衡的风险。

3.1 科技型人才区域聚集现象特征分析

科技型人才聚集现象是指在一定时间内，由于资源禀赋要素、边际收益差异、自我追求等多种因素驱动下，科技型人才在区域之间、产业之间产生大量流动，同类型或相关类型的科技型人才，在特定区域和产业内形成集群的现象[147]。科技型人才聚集现象可分为产业人才聚集现象和区域人才聚集现象，由于本书重点研究区域科技型人才聚集不均衡，故下面重点分析科技型人才区域聚集现象的特征。

1. 空间性

空间性也称为区域性。区域是指地球表面上一定范围内的地理空间，是按照一定标准划分的连续有限的空间范围，具有自然属性、经济属性和社会属性，是人类生存和发展的基本地理单元[145]。其可以根据不同划分的方式，分为自然区域、行政区域和经济区域[146]。本书研究的区域主要是指行政区域，考虑相关数据的可获取性，下面的行政区域主要是指省、市、自治区级的区域。

新经济地理学理论认为，区域是生产要素流向的主要载体，生产要素的竞争主要是区位的竞争[144]。生产要素流动的空间区域竞争研究，主要从杜能（Thunen）的农业区位论开始，到韦伯（Weber）的工业区位论、克里斯特勒（Christaller）的中心地理论、廖什（Losch）的市场区位论，都是研究生产要素流动的空间区位竞争。

空间区位的竞争是由生产要素具有可移动特性决定的。由于科技型人才是一个优秀的群体，具有较高流动性、追求自主性和时代性、富有创新精神等特征，因此，他们成为空间区位竞争中最受“青睐”的生产要素之一，在区域生产要素禀赋条件存在差异，市场对资源配置机制越发完善的情况下，科技型人才由资源配置效率低的地区流向资源配置效率高的地区，形成了部分区域的人才聚集现象，呈现出科技型人才聚集的空间性特征。

2. 规模性

规模经济理论认为，适度数量规模的生产要素的投入，可以通过单位成本中固定成本分摊额的减少，降低单位成本[146]。科技型人才作为特殊的生产要素，在区域间的流动过程中，同样追求规模效应，产生人才聚集的经济性作用。

3. 正负效应并存性

科技型人才流动与人口的流动具有正向关联性，人口的流向可以带动人才的流向，而科技型人才流向中的家庭和团队的随迁，也可以带动人口的同向流动[147-148]。由于城市特别是中心城市，往往是区域政治、经济、文化、科技、教育、医疗卫生的中心，齐备和完善的城市功能使其成为科技型人才流向的载体，在一定时期和适宜规模下，是吸引人口和人才交流和互动的向心力；但是随着人口和人才的不断聚集，当人口和人才聚集的规模超过区域承载能力时，就会造成交通成本上升、科技资源相对不足、资源配置效率降低，生活成本上升，产生离心力。向心力与离心力的共同作用决定了城市的空间结构是一个混合的城市结构，既有人口和人才聚集的经济性一面，也有人口和人才聚集非经济性的一面，凸现正负效应并存的特征。

4. 非均衡性

科技型人才区域聚集现象的形成实际上是人才在区域间流动的结果，也是区域非均衡发展战略的“极化效应”。新古典经济学把推动区域经济长期增长的动力归纳为3个基本要素：资本、劳动力和技术进步。由于存在规模效应和市场机制引导，区域发展差异为短期现象，从长期来看，区域之间的差异会减少，呈逐步收敛趋势[146]。在这种理论的指导下，各国政府在区域发展问题上往往实行均衡发展战略，即各区域的资源要素配置基本上都是实行均衡配置战略，这种资源配置方式的优点是各区域经济社会发展比较均衡，区域差异化程度较小，区域间发展不协调冲突较少。缺点是有限资源不能集中配置，难以出现增长极的带动作用，资源的配置效率较低[146]。20世纪中期，法国学者佩鲁从资源配置效率的角度，提出增长极理论。该理论认为：区域发展过程中存在多种效应，包括支配效应、乘数效应、极化与扩散效应，这一系列效应是产生区域差异的根本原因。此理论所忽视的问题是由于经济增长极产生的吸引力，会产生虹吸效益，增长极周边地区的劳动力、资金、技术等生产要素将会大量迅速的转移至增长极区域，出现经济要素区域聚集不均衡现象，将增长极地区与其他地区的发展差距进一步扩大，对其他地区的长期发展是负增长效应。

20 世纪 80 年代，为了集中配置有限的经济资源，极大地发挥资源配置效率，培育东部沿海地区优先发展，成为经济发展的增长极，包括科技型人才在内的各种经济要素纷纷流向东部沿海地区。东部地区逐渐成为科技型人才的“增长极”，人才聚集的非均衡特征越来越明显。

5. 网络性

科技型人才在区域流动过程中，必然依附人身进行知识和技术的流动，在流出地和流入地都会留下其所掌握的显性知识和技术或隐性知识和技术的“痕迹”，同时，随着聚集区域内各人才拥有者之间的组织交流和非组织交流活动的频繁开展，人才间的知识边界被打破，出现知识交叉，形成具有创新性质的区域知识创新网络、技术研发网络、社会关系网络。

6. 高成本性

从人力资本的成本构成来看，一般人力资源成本的构成主要包括身体健康成长成本、基本生活的知识与技能获取成本。而科技型人才的成本构成除了身体健康成长成本与一般人力资源同类成本基本相等外，付出的学历教育和知识获取成本要远远高于一般人力资源的基本生活知识与技能获取成本，并且，他们所从事的工作主要是艰苦的知识和技术创新工作，劳动消耗量大，按照劳动力市场成本与供求关系决定价格的基本定价原则，科技型人才的劳动力价格远远高于普通人力资源的劳动力价格。当科技型人才在区域聚集时，流入区域除了支付科技型人才本身价格外，往往还需要支付配套成本，如科研启动费用、研究平台建设费用、家属和科研团队随迁费用等。一般来说，科技型人才层次越高，配套成本越大，使科技型人才区域聚集具有高成本特征。

7. 高收益性

与一般人力资源相比，科技型人才的劳动多是从事知识创新和技术进步的创造性劳动。创造性劳动的特点一是可能是未知的，二是可能是高收益的。科技型人才区域聚集度越高，在人才聚集成本增加的同时，获取高收益的可能性就越大，这也是许多地方政府和企事业单位下大力气引进高层次科技型人才和团队实现人才聚集的主要目的。

8. 开放性

区域科技型人才聚集是一个开放系统。科技型人才在区域内的聚集过程，就是人才需求和区域供给在信息、资金等多方面交换的过程，也是人才流动的“指向灯”，人才的流入与流出在很大程度上取决于人才去留意愿和人才市场交换条件，很少受到系统其他要素的干扰，具有鲜明的开放特征。

9. 适度性

适度性是指科技型人才的聚集规模应追寻效益的最优解，非越大越好，应该有一个合理的“阈值”。这是规模经济理论的基本要求。适度规模指的是在一定的社会和经济条件约束下，规模收益会随之规模总量变化[146]。在规模较小时，由于增加规模可以使单位成本分摊的固定成本减少，导致规模报酬递增；当规模达到适度规模时，规模报酬不变；当规模超过适度规模时，规模收益达到最大值，不随规模总量的增加而增加，规模收益不变或减少[146]。科技型人才在区域聚集过程中，其聚集规模仍然具有规模经济这一基本特征。当科技型人才区域聚集规模在社会经济环境和科技资源承载范围之内时，人才聚集规模报酬递增；当人才聚集规模超过区域社会经济环境和科技资源承载能力时，交通成本、住房成本、科研成本都有较快增长，导致规模报酬递减，出现科技型人才聚集非经济效应。因此，区域科技型人才聚集规模，应是适度规模，并非越大越好。

10. 共享性

科技型人才的区域聚集可以实现知识聚集，将个体知识转化为群体知识，将分散知识聚合为组织知识，并通过分享系统将知识返回至个体，扩充个体的知识数量和质量，实现知识积累与创新，从而带动与提升区域整体创新能力。

3.2 科技型人才区域聚集效应分析

科技型人才区域聚集现象是规模经济的一种特殊经济要素聚集形式，是市场主导、政府主导或二者混合主导的结果。

与其他规模经济现象类似，科技型人才区域聚集，在资源要素的约束下，会产生效应大于或者小于各独立个体的效应[146]。可见，科技型人才区域聚集既可能产生经济性效应（正效应），也可能产生非经济效应（负效应）。

3.2.1 科技型人才区域聚集的经济性效应分析

科技型人才区域聚集的经济性效应是指同类或相关联的科技型人才在区域内聚集后，区域内的经济要素承载能力能够满足人才聚集的规模需求，能够产生整体效能超过独立效能加总的效应。主要有以下几个效应。

1. 信息共享效应

信息是指音信、消息通信系统传输和处理的对象，泛指人类社会一切传播、交换的内容。信息需要拥有载体和媒介，信息必须依附一定的媒介表现出来，并满足人们某些方面的需要，它会随着客观事物的变化而变化，不受时空的限制影响，因此，信息具有普遍性、客观性、依附性、转换性、共享性、时效性、传递性等特点[22,35]。这些特性使信息成为现代社会不可替代的一种宝贵资源，是一种新的经济要素。信息的共享与交流可以进行知识积累与知识创新，以推动科技创新。

科技型人才在区域聚集，能够克服空间障碍，便捷地进行面对面的交流和学习，降低信息成本，共享相关信息，产生科技型人才区域聚集的信息共享效应。

2. 知识溢出效应

科技型人才是掌握大量知识和技术技能的人才，当他们在区域聚集时，面对面的交流，不但可以交流显性知识，更主要的是可以交流隐性知识，这是非面对面交流难以收获的。隐性知识通常就是科技人员的“感觉和经验”，往往这种感觉和经验能够产生意外的知识溢出效果[22,147-148]。科技型人才区域聚集时的面对面交流，可以将科技型人才对工作领域产生的经验与感觉更好地传播，将隐形知识逐步显性化，实现知识的溢出效应。

3. 创新效应

创新和知识溢出具有密切的联系，没有知识的广泛溢出，就难以形成知识的积累，没有知识的有效积累，也就没有知识创新。从这个角度来看，创新效应是知识创新的联动效应[148]。科技型人才在区域聚集时，在知识溢出效应的驱动下，部分科技型人才的隐性知识使得同类型或不同类型人才的进一步感悟，产生思想和知识“碰撞”的火花，产生新的“感觉和经验”，并在实验、总结和提升中，形成新的显性知识，产生知识创新效应。

4. 蝴蝶效应

蝴蝶效应是指在一个混沌动态系统中，初始条件的微小变化会导致一系列连锁反应，从而产生巨大的影响。说明一个微小的变化会引起连锁反应，导致其他系统的极大变化。在科技型人才中，高层次科技型人才是人力资源要素中的“高、精、尖”的专业型人才，对人才系统及其他相关系统具有决定作用，他们的运动对整个系统具有极其明显的放大作用，会引起一系列的连锁反应，具有非常明显的蝴蝶效应。他们的流失对于流出地来说，会引起一个团队、一个学科、一个企业、一个区域、一个产业的损失，损失价值无法估量；但对于流入地来说，他们的流入，可能带动一个团队、一个学科、一个企业、一个产业。20 世纪 50 年代，钱学深等著名科学家的回国与聚集成就了我国“两弹一星”，典型地印证了科技型人才聚集的“蝴蝶效应”。

科技型人才在区域聚集时，会引起流入地和流出地区域人才系统、区域创新系统、区域产业系统的变化，从而进一步影响到区域经济系统和社会系统，产生复杂的系统变化，导致各区域之间未来前景的巨大差异和不均衡，引发经济社会等方面的“蝴蝶效应”。

5. 竞争与激励效应

科技型人才是一种特殊的经济要素，他们在区域聚集时，在市场经济条件下，他们既存在着相互学习的合作关系，又存在着相互竞争关系。从某种意义上来说，科技型人才在区域聚集的过程就是相互合作和相互竞争的过程。

合作和竞争从正逆两方面产生激励效应：合作能够强化科技型人才相互之间知识与技术的交流，产生组织与组织合作，个体与个体合作，形成相互学习、相互激励的个体行为和组织行为[148]。行为是人类拥有主观意愿的意识活动，既指人类对外界刺激做出的反馈，又指人类通过一系列动作达成所需目标的过程。人类行为由动机决定，动机是需求催生的产物。行为和动机互为表里，动机是行为的动力，行为是动机的表现。行为是个人因素和环境相互作用产生的结果。

从科技型人才区域聚集的个体行为来看，科技型人才强烈的自我价值实现的需要和欲望，和经济欲望一起构成了科技型人才区域聚集的优势动机。优势动机是指动机结构中，既稳定又强烈的动机，是所有动机中的主要动机，只有优势动机才能产生相关的行为。科技型人才强烈的自我价值实现的愿望和需求，要远远大于普通劳动力，他们对自我价值实现的追求有时超过了对经济利益的追求。在这种需求产生的优势动机驱动下，科技型人才个体特别愿意通过人才区域聚集，进行面地面的交流，建立合作关系。同时，还希望相互刺激，形成“你追我赶”竞争局面，树立竞争目标，增强知识积累，提升研究能力和创新能力，实现价值目标。

从科技型人才区域聚集的组织行为来看，科技型人才在区域聚集的载体是不同类型的组织形式。科技型人才个体在某一组织的“安家落户”，就意味着对该组织的目标的接受和认同，形成对组织的依赖，渴望为组织发挥作用，努力实现组织目标。组织的一切活动都是围绕着组织目标展开的，为了实现组织目标，组织既会参加组织之间的竞争与激励，也会实施组织内部的竞争与激励。科技型人才作为某一特定组织的成员，无疑会置身其中。

6. 动态效应

科技型人才是掌握知识和技术较多的优秀群体，但随着科学技术的迅猛发展，知识与技术的获取与淘汰速度也在不断加快，这就意味着知识与技术的时效性影响着科技型人才“价格”和作用的时效性。一些科技型人才，在某一时期，他可能是先进知识与技术的代表，引领着某一技术领域的发展方向，其作用很大。但是，如果他不注重知识、技术的学习和更新，原有的知识和技术就会被淘汰，他就可能被掌握新知识和新技术的科技型人才所代替。周而复始的引进和淘汰是科技型人才区域聚集经济效应的生命力所在。

7. 规模经济性效应

科技型人才区域聚集是一种规模经济现象，因此，同样具有规模经济效应的特征。规模经济理论认为，一定的规模是一切事物发生质变的临界点[146]。没有一定的规模就没有规模经济，也不会产生规模效应。科技型人才在区域聚集到一定规模后，机会导致聚集成本降低、边际收益提高，出现规模经济性效应。

3.2.2 科技型人才区域聚集的非经济性效应分析

科技型人才区域聚集非经济效应是指一定规模的科技型人才聚集后，因人才聚集规模与相关资源配置不当而导致资源配置效率降低、边际收益递减，整体聚集效应小于独立效应加总的效应。

科技型人才在区域的聚集过程实质上是人才要素与其他要素配置与组合的过程，也是规模经济实现的过程。这些过程既可能带来聚集的经济性效应，也可能带来聚集的非经济性效应。

1. 规模非经济性效应

规模是在一定的临界阈范围内实现的，当规模超过临界阈范围后，资源配置效率就会降低，甚至出现收益小于成本现象，即规模非经济效应[146]。任何规模经济都有规模经济性效应和规模非经济型效应，究其原因，尽管原因很多，但最根本的原因就是规模经济所追求的规模是适度规模，没有达到适度规模就不可能产生由量变到质变，引发规模经济的经济性效应。同理，如果规模太大超过了适度规模，资源承载能力无法满足需要，导致总成本大于总收益，出现规模非经济性。

科技型人才在区域聚集现象也是一种规模经济现象，它也有规模经济上述特点。区域聚集规模应该是适度规模，过度聚集就会出现超出科技资源的承载能力，相关资源配置成本升上，配置效应下降，出现区域聚集规模非经济性效应。

2. 拥挤效应

拥挤效应是指种群增长过程中，随着种群规模增加，密度增长，导致种群增长速度降低的现象[146]。拥挤效应与环境条件具有密切的联系，如果环境条件在一定水平的范围内，环境条件的承载性强，种群密度增加，可以提高种群的成活率，并降低种群的死亡率。但当种群规模增加后，环境密度降低，种群个体生活的生活所必需的各种条件变差，机体生理状态变差，使整个种群成活率下降，处于不利增长状况，会对种群产生负向效应。可见，种群能否健壮成长既取决于密度制约，也取决于环境制约。由密度制约所造成的负效应就是拥挤效应。

科技型人才在区域聚集过程中，其一定时期内的突出的科技贡献率，会促进聚集区内的社会经济的快速发展，与落后地区相比，都处于经济发展和人才吸引高地，会在一定时期内吸引更多的科技型人才和人口落户聚集地区，与种群密度原理一样，当人口和人才密度符合资源环境条件配置时，其产生的效应是正效应；当人口和人才密度超过环境承载能力，就会出现环境制约和密度制约，科技型人才内部也会产生人才个体与组织冲突、成员之间冲突、人与环境冲突等，产生一系列不利于科技型人才成长的负效应。同时，科技型人才聚集及间接引致的人口规模过度膨胀，带来了城市最优规模失衡，导致城市规模无限扩张，基础设施、住房条件、道路交通、绿化卫生等配套条件都处于供不应求状态，出现明显的拥挤效应。这时的科技型人才区域聚集效应可能由正效应转变成负效应。

3.3 科技型人才区域聚集不均衡效应分析

科技型人才区域聚集的结果往往导致科技型人才在区域间的分布不均衡，其实质就是科技型人才在区域间的集中度有较大的差异。为了能够便捷地获取有关研究数据，本书主要研究的是省（自治区、直辖市）之间的科技型人才聚集不平衡。

由于科技型人才区域聚集不均衡是科技型人才在一定区域流入和流出而引起的区域人才聚集密度的结果差异。因此，科技型人才区域聚集不均衡效应与科技型人才区域聚集效应既有相同点，也有不同点。下面仍然从科技型人才区域聚集不均衡的经济性效应和非经济性效应两方面进行理论分析。

3.3.1 科技型人才区域聚集不均衡的经济性效应分析

科技型人才区域聚集不均衡效应既包括科技型人才区域聚集经济性效应中的“知识溢出效应、创新效应、蝴蝶效应、竞争与激励效应、动态效应”等，也包括“增长极效应、扩散效应、虹吸效应”等。由于在本书 3.2.1 中已对知识溢出效应、创新效应、蝴蝶效应、激励与竞争效应、动态效应做过理论分析，故在此仅分析虹吸效应、增长极效应、扩散效应。

1. 虹吸效应

虹吸现象是由液态位能差和分子引力造成的一种物理现象。在经济活动中，随着流动性生产要素的流动，也会形成生产要素分布不均衡，产生生产要素位能差，使高位能的区域或城市获得经济和社会的强劲发展，产生较强的吸引力，吸引低位能的区域或城市的生产要素进一步向高位能区域流动，产生区域经济增长极。

经济虹吸现象产生的根本原因是区域吸引力强弱而引起的经济要素分布的不均衡。科技型人才拥有较多的知识、技术、技能储备，与一般劳动力相比，存在较为明显的人力岗位位能差异，因而他们的流动优势明显强于一般劳动力，在区域间流动性强、流速快[22]。

在区域位能差异的作用下，形成区域科技型人才流入和流出的不均衡，产生区域科技型人才聚集不均衡现象。这种不均衡现象是区域形成人才和经济发展产生虹吸效应的直接原因。

虹吸效应的正向效应（经济性效应）就是容易促进区域经济增长极的形成，其负向效应（非经济性效应）就是增长极的负向效应（非经济性效应），将在3.3.2中进行理论分析。

2. 增长极理论与扩散效应

增长极理论的创始人是法国经济学家弗朗索瓦·佩鲁提出来的，该理论认为，假设支配效应的经济空间为力场，那么力场中的推动单元可以称为增长极。增长极不但可以自身快速增长，而且能够带动其他区域和部门随之快速增长。增长极一般首先出现在增长点或增长中心，随后通过不同媒介方式开始向外扩展，从而对整体或区域造成一系列的影响。

增长极理论认为：类似力场的经济空间中，存在多中心驱动力，类似“磁力场”中的向心力和离心力，多种中心之间的吸引力和排斥力相互产生影响，从而形成一个“场”。增长极既可以是区域，也可以是部门。增长极的理论假说是建立在已有的区域增长的各类理论假说之上，其中最重要的假说为在地理空间范围上的经济增长不是均匀分布的，而是围绕多个中心点呈现点状分布，即以差异化或不均衡状态分布着。增长极会吸引周边地区的资金和劳动力，从而使周边和增长极之间的差距逐步拉大。增长极对周边地区既有扩散的正向拉动效应，又有极化的负向效应。增长极往往是由技术进步、劳动力与资金集中与分散的差异化引起的。

科技型人才区域聚集的不均衡，形成了中心地区的科技型人才的聚集密度明显地高于外围地区或其他地区，在中心地区形成向心力，使中心地区科技进步速度快于周围地区和其他地区，由于科学技术是第一生产力，故较高的科技贡献率使中心地区的经济发展出现显著的劳动力、资金、信息等生产要素的快速集中，形成区域经济增长极，并向周边地区辐射，从而带动了周围地区经济的发展，发挥了增长极的正向效应，即扩散效应。

增长极可能产生极化效应，主要包括两种效应：回波效应和扩散效应。回波效应是增长极的负向效应，即非经济性效应；扩散效应是增长极的正向效应。回波效应将在3.3.2中详细分析。这里重点分析扩散效应的基本内容。

增长极的正向效应往往是通过扩散效应体现出来的。所谓的扩散效应是指位于增长极的中心地区，随着劳动力、资金、技术、信息等生产要素的集中和交通基础设施等条件的完善，在提升中心地区经济社会发展水平的过程中，形成了一个向周边辐射技术、资金、人才、信息的辐射源，并逐步向周边地区扩散，并刺激周边地区发展，逐渐缩小与增长极的差异。

科技型人才在区域聚集的不均衡，促进了技术要素和人才要素向中心地区的集中，在相关环境的作用下，形成中心地区的经济增长极，打造了以资金、技术、人才等要素为主的辐射源。由于周边地区或者落后地区资金短缺、人才相对匮乏、技术相对落后、劳动力廉价且充裕，导致生产成本降低，投资回报率提高。在资本逐利本质的驱使下，中心地区的资本首先向周边地区或落后地区扩散，技术、人才等其他生产要素也随着向周边地区转移，带动了周边地区或落后地区人才的回流、技术的进步和经济社会的全面发展，产生了积极的扩散效应。并且，随着我国高铁等交通设施的快速发展和信息技术水平的大幅度提升，增长极的扩散距离越来越远、扩散成本越来越低，扩散速度越来越快，扩散效应的强度越来越强，凸显了正相关关系。

科技型人才是人力资源中最优秀的群体，当他们集聚不均衡促进区域经济增长极形成之后，在促进高聚集区域（增长极）经济发展的同时，也因科技资源配置成本的提高，也会向周边地区或区域进行人才和技术的扩散。由于科技型人才追求自我价值实现的欲望比较强烈，在扩散过程中的积极性则会更高，扩散效应也会更好。

3.3.2 科技型人才区域聚集不均衡的非经济性效应分析

科技型人才区域聚集不均衡不但具有经济性效应（正向效应），而且具有非经济性效应（负向效应）。它除了科技型人才区域聚集的非经济性效应外，还有以下几个非经济性效应。

1. 回波效应

回波效应也称为增长极负向效应。缪尔达尔的累计因果理论认为，极化效应、扩散效应和回波效应在区域经济发展中同时起作用，在它们共同作用下，区域生产要素和生产力呈集中和分散状态。回波效应是增长极的极化作用，它在吸引周围或落后区域的资金、技术、劳动力等生产要素到中心区域，发挥规模经济作用、促进本地区快速发展的同时，剥夺或削弱了其他地区的发展机会，使中心地区和其他地区经济社会发展差距拉大，对其他地区产生负向效应。并且，由于市场经济的本质是追求资源配置的高效率，追求利润和效率第一是市场经济永恒的主题，因此市场调节的作用倾向于发挥最大效率，从而扩散区域之间的差距。在增长极的作用过程中，如果不加强国家干预，在一定阶段内，增长极的极化效应及回波效应就会大于扩散效应，增长累计性就不会停止，区域之间的差距就会像滚雪球一样越滚越大，产生马太效应，区域发展差距越来越大，出现极化效应和马太效应并存现象。

科技型人才区域聚集不均衡达到一定程度后，人才聚集区域往往成为科学发现、技术创新、技术发明和技术成果转化的高地，快速的科学技术进步和发展，有力地带动了人才聚集地区社会经济的快速发展，更加增强了这些区域的吸引力，形成持续不断的新一轮的人才流入，使人才流出区域陷入长期的人才洼地，区域之间科技型人才分布差距进一步扩大。区域科技型人才的不均衡，会引发区域科技进步和发展的不均衡，区域科技发展的不均衡会进一步引致区域社会经济发展不均衡，最终导致区域发展差距进一步拉大，产生极化效应。

2. 马太效应

经济学中马太效应指的是强弱两极化差异越来越大，赢家通吃的经济现象。它是虹吸效应和极化效应的继发与联动效应。当虹吸效应发展到一定程度后，往往会出现两极分化现象：强者越强，弱者越弱。

科技型人才在流动过程中，处于人才高地的区域对人才的吸引力越来越强，成为吸引人才“风水宝地”，其他区域的人才和资源会流向这些区域，形成区域人才的不均衡，但这种不均衡在发达地区资本报酬递减还没有明显发生，人才流向还会循环往复，区域差异还会越来越大。这种不均衡差异对落后地区来说，造成的负效应是巨大的。

3. 羊群效应

羊群效应也叫"从众效应"。具体指的是个人的观念和行为会由于群体压力或观念而发生改变，从而导致少数人观念行为向多数人转变的现象，其表现为具有优势地位的观念会被普遍性接受。

羊群效应在科技型人才聚集过程中也是普遍存在的。在科技型人才区域流动的初始阶段，人才在区域间流向的目的性还是比较明确的。但当出现区域聚集不均衡，发达地区成为人才聚集高地时，向往流向发达地区的大量人才中，一些人就会逐步产生从众心里，"跟风流动""跟风就业"就成为了"时尚"，区域聚集越不均衡，从众心里越强。我国几十年来出现的"孔雀东南飞"现象之所以"长盛不衰"，与后来的人才流向和大学生就业的从众心理不无关系。

长期的"羊群效应"，使科技型人才区域聚集不均衡愈发加剧，发达地区人才的"相对过剩"和落后地区人才数量与质量的不足越来越严重。一些理工科大学毕业生和硕士研究生宁肯在一线城市"跑快递"，也不愿意在落后地区"对口就业"的现象就充分说明了这一点。这种现象的结果，一方面造成了发达地区科技型人才的相对浪费，另一方面又造成了落后地区科技型人才的短缺和不足，削弱了落后地区科技创新能力和社会经济的发展速度，其负效应是比较明显的。

3.4 科技型人才区域聚集不均衡引致风险的机理分析

科技型人才区域聚集不均衡是科技型人才在区域间流动的结果，它既有正效应（经济性效应），也有负效应（非经济性效应）。本节将分析其负效应会否引致区域内部和区域间科技进步和社会经济发展的冲突和风险，以及它们产生的机理。

3.4.1 科技型人才区域聚集不均衡负效应与聚集冲突效应的理论分析

冲突是普遍存在的社会经济现象。冲突一直是社会学、心理学、组织行为学等学科的研究对象[149]。科技型人才区域聚集也是一种社会经济现象，在区域聚集过程中及聚集不均衡后，都会产生聚集非经济性效应，这些效应可能引发区域之间冲突、组织与组织之间冲突、组织与成员之间冲突、成员与成员之间冲突。冲突的出现会导致人才聚集的正效应减少，负效应增加，乃至引发各种风险。

1. 冲突的定义与层次

冲突是冲突双方在涉及各自利益或相关因素的过程中，产生的对立心理状态和行为结果。冲突一般有五个层次：一是自我冲突，即发生在人员个人身上的冲突；二是人际冲突，即成员与成员之间的冲突；三是群际冲突，即群体与群体之间的冲突；四是组织之间的冲突，即组织与组织之间的冲突；五是国家、民族、区域之间的冲突，即国家与民族、国家与区域、民族与区域之间的冲突。

科技型人才区域聚集不均衡负效应所引发的冲突主要是区域之间因人才流向和聚集差异而导致的一方区域对另一方区域的利益损害，因此，其冲突主要是第五层的冲突。

2. 冲突效应分析

冲突按其性质可分为建设性冲突和破坏性冲突。建设性冲突是指双发目标一致，但对实现目标的路径方法认识不同而产生冲突。建设性冲突若削减得当，有时会带来积极性作用。破坏性冲突是指双方由于目标和期望不同而产生的冲突。破坏性冲突一般具有负向效应，处理不当会导致消极后果。因此，冲突也具有两重性，即冲突既具有正效应，也具有负效应。

冲突的正效应是指建设性冲突经过对利益分配方案的变革、调整及对冲突的削减使冲突危害降低，能够带来积极作用的效应。从这个意义上说，它是变革的催化剂，有利于以后同类事件决策的科学化、民主化。

冲突的负效应是指破坏性冲突带来的无法进行有效削减的消极作用。科技型人才区域聚集不均衡所引发的冲突的负效应主要体现在：一是增大科技型人才区域聚集的成本；二是造成科技型人才工作满意度下降、工作绩效不高；三是引发科技型人才个人或区域之间不满情绪加剧、交往与合作减少，乃至产生敌对情绪和报仇心理。

科技型人才区域聚集不均衡负效应既可能引发冲突正效应，也可能引发冲突负效应。而冲突负效应是科技型人才区域聚集不均衡的风险产生的主要原因。

3.4.2 科技型人才区域聚集不均衡冲突负效应与风险产生的机理分析

风险是指某种事件在某一特定环境下，当下或未来发生的不确定结果。这种不确定性可能是损失，也可能是收益。本书重点研究的风险是科技型人才区域聚集不均衡而引致损失的不确定性。

风险的分类很多，按照风险产生的原因分为自然风险、政治风险、社会风险、经济风险、技术风险等。由于科技型人才区域聚集不均衡主要涉及科技风险、经济风险、社会风险，因此，本书主要从这3个方面分析科技型人才区域聚集不均衡产生的风险机理。

科技型人才区域聚集不均衡的本质是科技型人才区域分布的差异性。这种差异与其他因素一起，可能带来区域间科技创新能力和效率差距、经济发展水平差距、区域社会发展速度与水平差距。区域间的差距从本质上讲，就是市场经济竞争的结果。市场经济体制的特点是开放性与竞争性并存，开放的竞争体制就是市场经济的动力机制，这导致市场经济中的机会和风险是并存的。并且，市场经济竞争特征是倾向于区域间差距的扩大而不是缩小。但是，这种区域差距是有适宜阈值范围的，当区域差距在适宜阈值范围内，这种差距是可以产生科技型人才区域聚集的正效应（经济性效应），如信息共享效应、知识溢出效应、创新效应、虹吸效应、规模经济性效应等；当区域差距超过适度阈值后，就会产生科技型人才区域聚集负效应（非经济性效应），如规模非经济性效应、回波效应、马太效应、拥挤效应等。可见，科技型人才区域聚集的正负效应是由区域聚集差距程度决定的。

区域聚集差异程度产生了区域聚集正负效应。而负效应的程度又会影响着科技型人才和区域之间的相互比较的心理，差异比较的结果往往就会产生公平感知心理。当负效应程度冲破公平感知心理承受的底线时，不公平就会随之产生与发展，负效应越大，不公平感就越强，随之就会引发心理失衡，产生挫折感、嫉妒心、愤怒，由此可能产生破坏心理，产生消极怠工、制造矛盾、引发冲突等行为。

科技型人才区域聚集不均衡负效应所产生的冲突既有冲突的正效应，也有冲突的负效应，冲突的负效应是个麻烦的信号，它往往是区域间核心利益差距而引起的冲突。这种冲突很难在短期内削减，如果政府不进行有效的干预，久而久之，就会引发累加效应，仇恨与报复心理就会加剧，最终导致事件损失的不确定性也会随之增加，此时，事件的风险性也就会随之发生。

由于科技型人才区域聚集不均衡，可能引发区域创新能力和科技进步的差距；在科学技术的有力推动下，区域科技进步的差距可能引致区域经济发展的速度、质量及水平的差距；区域科技发展和区域经济发展的差距，可能引起区域社会发展的差距。当这些差距在其他因素的共同作用下，超过人才区域聚集公平认知的范围后，就会引发区域科技风险、经济风险、社会风险。当然，引发这 3 种风险的不仅仅是科技型人才区域聚集不均衡一种因素的影响，而是多种因素综合影响的结果，具体影响因素将在第 5 章中详细分析。科技型人才区域聚集不均衡的风险机理如图 3－1 所示。

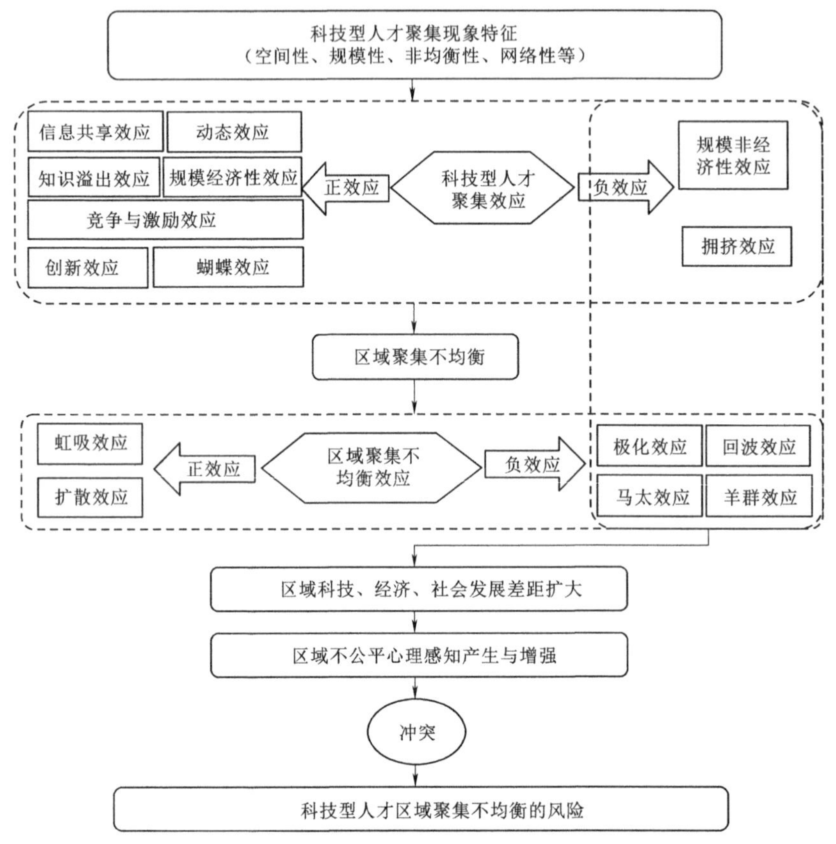

图 3－1 科技型人才区域聚集不均衡的风险机理

总之，科技型人才区域聚集不均衡是科技型人才在区域流动的结果，也是引起区域科技、经济、社会发展差异的主要原因之一，它会产生科技型人才区域聚集的经济性效应和非经济效应，其非经济效应的发展和加剧可能引发区域之间的各种冲突，而冲突又可能引致区域科技、经济、社会发展的不确定性，即科技风险、经济风险、社会风险，从某种程度上讲，冲突是科技型人才区域聚集不均衡发展的必然结果，又是产生区域风险的主要根源，这就是科技型人才区域聚集不均衡引致风险的主要机理。

3.5 本章小结

本章运用新经济地理学、集聚经济等相关理论，首先，进一步完善了科技型人才聚集现象的概念、特征；其次，分析了科技型人才区域聚集正负效应；再次，研究了科技型人才区域聚集不均衡正负效应及负效应所引发的各种冲突；最后，界定了科技型人才区域聚集不均衡所引发的冲突的概念，分析了冲突的种类，从理论上研究了冲突负效应产生风险的机理，是后续风险评估的理论基础。

第4章

科技型人才区域聚集不均衡事实的时空特征及影响

科技型人才的区域聚集往往比普通人力资源聚集更能促进当地的经济增长与资源积累[150]。然而，自改革开放以来，在东部地区优先发展战略的作用下，我国东部地区利用政策资源、地理环境等优势快速发展，而中西部地区发展相对缓慢，导致区域分化现象逐渐显现[145]，东中西部差距越来越大，科技型人才的区域聚集愈发不均衡。因此，本章力图通过对科技型人才区域聚集不均衡的特征进行客观的描述并分析其发展趋势，为后续风险识别提供依据。

4.1 科技型人才区域聚集不均衡的时空演进分析

国内外学者从多个维度对人才区域聚集展开研究并取得了丰硕成果，成为本书进行时空分析的重要参考依据。然而，科技型人才的聚集有其特殊性和独特的规律性。因此，本节将对我国现阶段科技型人才区域聚集不均衡的实际情况进行简单描述，综合运用科技型人才聚集度、空间计量模型，从全国区域视角深入剖析我国科技型人才区域聚集的特点。

4.1.1 科技型人才区域聚集数量及聚集度的时间演进

随着我国经济社会和科技的综合发展以及对人才培养的重视，我国科技型人才总量逐年增加，从2005年的136.48万人增加至2019年的480.08万人，增长了3.5倍。东部地区的科技型人才数量自2005年开始一直占全国科技型人才总量的60%以上，并于2019年占比高达68.9%，中西部科技型人才总量占比不足全国的33%，科技型人才数量分布呈现“一区独大”局面，并且越来越严重（见表4-1～表4-3）。为了便于研究，本书东部、中部、西部地区的划分标准为国家发展改革委对东中西部地区划分的解释，即东部地区是指最早实行沿海开放政策并且经济发展水平较高的省份，中部地区是指经济次发达地区，而西部则是指经济欠发达地区，依据经济发展水平的常用划分标准，最终将我国31个省（自治区、直辖市）划分为东部地区的北京、天津等11个省（自治区、直辖市），中部地区为山西、吉林等8个省（自治区、直辖市），西部地区为广西、内蒙古等12个省（自治区、直辖市）。

表 4-1　　东部各省（自治区、直辖市）历年科技型人才数量　　单位：万人

年份	北京	天津	河北	辽宁	上海	江苏	浙江	福建	山东	广东	海南
2005	17.10	3.34	4.17	6.61	6.70	12.8	8.01	3.57	9.11	11.94	0.12
2006	16.84	3.72	4.37	6.90	8.02	13.89	10.28	4.02	9.66	14.72	0.12
2007	18.76	4.49	4.53	7.72	9.01	16.05	12.94	4.76	11.65	19.95	0.13
2008	18.96	4.83	4.62	7.67	9.51	19.53	15.96	5.93	16.04	23.87	0.17
2009	19.18	5.20	5.65	8.09	13.29	27.33	18.51	6.33	16.46	28.37	0.42
2010	19.37	5.88	6.23	8.47	13.50	31.58	22.35	7.67	19.03	34.47	0.49
2011	21.73	7.43	7.30	8.10	14.85	34.28	25.37	9.69	22.86	41.08	0.54
2012	23.55	8.96	7.85	8.72	15.34	40.19	27.81	11.45	25.40	49.23	0.68
2013	24.68	10.02	8.95	9.49	16.58	46.62	31.10	12.25	27.93	50.17	0.70
2014	26.98	10.31	11.32	8.89	18.35	56.00	39.81	14.03	30.48	56.53	0.77
2015	24.57	12.43	10.7	8.54	17.18	52.03	36.47	12.66	29.78	50.17	0.77
2016	25.33	11.94	11.14	8.78	18.39	54.34	37.66	13.22	30.15	51.56	0.78
2017	26.98	10.31	11.32	8.89	18.35	56.00	39.81	14.03	30.48	56.53	0.77
2018	28.73	9.95	10.33	9.53	18.81	56.03	45.80	16.09	30.83	76.27	0.82
2019	31.40	9.25	11.18	9.99	19.86	63.53	53.47	17.15	27.88	80.32	0.89

数据来源：2005—2019 年《中国科技统计年鉴》。

表 4-2　　中部各省（自治区、直辖市）历年科技型人才数量　　单位：万人

年份	山西	吉林	黑龙江	安徽	江西	河南	湖北	湖南
2005	2.74	2.56	4.42	2.84	2.21	5.12	6.12	3.80
2006	3.88	2.85	4.51	2.99	2.58	5.97	6.21	3.98
2007	3.69	3.25	4.82	3.62	2.71	6.49	6.74	4.49
2008	4.40	3.17	5.07	4.95	2.82	7.15	7.28	5.03
2009	4.78	3.94	5.42	5.97	3.31	9.26	9.12	6.38
2010	4.63	4.53	6.19	6.42	3.48	10.15	9.79	7.26
2011	4.74	4.48	6.66	8.11	3.75	11.80	11.39	8.58
2012	4.70	5.00	6.51	10.30	3.82	12.83	12.27	10.00
2013	4.90	4.80	6.27	11.93	4.35	15.23	13.31	10.34
2014	4.77	4.55	4.74	14.05	6.19	16.25	14.00	13.08
2015	4.29	4.93	5.66	13.36	4.65	15.89	13.55	11.49
2016	4.41	4.83	5.49	13.58	5.06	16.63	13.66	11.93
2017	4.77	4.55	4.74	14.05	6.19	16.25	14.00	13.08
2018	4.46	3.64	3.72	14.71	8.53	16.68	15.55	14.69
2019	4.69	4.23	4.44	17.53	10.56	19.16	17.83	15.73

数据来源：2005—2019 年《中国科技统计年鉴》。

表 4-3 西部各省（自治区、直辖市）历年科技型人才数量 单位：万人

年份	内蒙古	广西	重庆	四川	贵州	云南	西藏	陕西	甘肃	青海	宁夏	新疆
2005	1.79	1.35	2.46	6.64	0.98	1.48	0.06	5.37	1.68	0.26	0.40	0.70
2006	1.89	1.48	2.68	6.86	1.07	1.60	0.10	5.95	1.67	0.26	0.44	0.74
2007	2.01	1.54	3.16	7.88	1.14	1.78	0.07	6.51	1.88	0.29	0.56	0.89
2008	2.32	1.83	3.44	8.67	1.15	1.98	0.06	6.48	2.01	0.25	0.52	0.88
2009	2.99	2.17	3.50	8.59	1.31	2.11	0.13	6.80	2.12	0.46	0.69	1.27
2010	3.40	2.48	3.71	8.38	1.51	2.26	0.13	7.32	2.17	0.49	0.64	1.44
2011	4.01	2.76	4.07	8.25	1.59	2.51	0.11	7.35	2.13	0.50	0.74	1.55
2012	4.13	3.18	4.61	9.80	1.87	2.78	0.12	8.24	2.43	0.52	0.81	1.57
2013	4.07	3.73	5.26	10.97	2.39	2.85	0.12	9.35	2.50	0.48	0.82	1.58
2014	3.69	3.30	7.91	14.48	2.83	4.66	0.12	9.82	2.37	0.57	0.99	1.52
2015	3.83	3.82	6.15	11.68	2.35	3.95	0.11	9.26	2.59	0.40	0.92	1.69
2016	3.99	3.95	6.81	12.46	2.41	4.11	0.11	9.48	2.58	0.42	0.90	1.69
2017	3.69	3.30	7.91	14.48	2.83	4.66	0.12	9.82	2.37	0.57	0.99	1.52
2018	4.00	2.49	9.20	15.88	3.34	4.97	0.16	9.67	2.22	0.43	1.11	1.50
2019	4.74	2.49	9.76	17.08	3.78	5.72	0.18	11.53	2.60	0.55	1.20	1.38

数据来源：2005—2019 年《中国科技统计年鉴》。

科技型人才聚集度是反应科技型人才区域聚集状况的重要指标，本章采用 2.1.2 中所介绍的科技型人才聚集度计算公式和方法进行聚集度测算。考虑数据的获得性，本书采用的科技型人才总数为 R&D 人员，按照《科技统计年鉴》所示，指的是参与研究与试验发展项目研究、管理和辅助人员，包含项目（课题）组人员，企业科技行政管理人员和直接为项目（课题）活动提供服务的辅助人员，此类人员有可能会出现身兼两种或两种以上类型的科技人员，这时可理解为对该类人员的权重分配为 2 或者 3，反映了此类人员的重要性，也体现了公平性。各省份人口统计为常住人口数，就业人数为城乡从业人数之和，依据式（2-1）测算出各区域省份的科技型人才聚集度值（见表 4-4～表 4-6）。

表 4-4 东部各省（自治区、直辖市）历年科技型人才聚集度

年份	北京	天津	河北	辽宁	上海	江苏	浙江	福建	山东	广东	海南
2005	10.20	3.20	0.61	1.64	4.08	1.47	1.36	1.00	0.82	1.25	0.17
2006	8.91	3.23	0.59	1.57	4.37	1.45	1.56	1.00	0.78	1.37	0.15
2007	8.52	3.14	0.53	1.51	4.22	1.46	1.62	1.01	0.82	1.59	0.14
2008	7.42	2.91	0.47	1.33	3.45	1.59	1.75	1.09	0.99	1.67	0.16
2009	6.48	2.61	0.50	1.19	4.16	1.93	1.72	0.97	0.87	1.66	0.33
2010	5.73	2.40	0.49	1.11	3.77	2.02	1.87	1.04	0.90	1.79	0.34
2011	5.61	2.62	0.51	0.94	3.69	1.98	1.90	1.08	0.97	1.89	0.32
2012	5.34	2.71	0.47	0.89	3.39	2.08	1.86	1.10	0.96	2.04	0.35

续表

年份	北京	天津	河北	辽宁	上海	江苏	浙江	福建	山东	广东	海南
2013	5.03	2.74	0.49	0.87	2.79	2.26	1.93	1.11	0.98	1.89	0.31
2014	4.82	2.41	0.55	0.71	2.75	2.40	2.19	1.08	0.94	1.87	0.29
2015	4.63	3.13	0.56	0.78	2.78	2.41	2.15	1.01	0.99	1.78	0.31
2016	4.54	2.80	0.57	0.82	2.89	2.45	2.15	1.01	0.97	1.76	0.30
2017	4.55	2.41	0.55	0.80	2.76	2.43	2.17	1.03	0.96	1.84	0.27
2018	4.60	2.52	0.53	0.78	2.93	2.61	2.15	1.00	0.98	1.79	0.28
2019	4.59	2.14	0.51	0.79	2.85	2.69	2.14	0.98	0.98	1.77	0.27

表 4-5　　中部各省（自治区、直辖市）历年科技型人才聚集度

年份	山西	吉林	黑龙江	安徽	江西	河南	湖北	湖南
2005	0.96	1.09	1.33	0.41	0.51	0.47	0.91	0.53
2006	1.20	1.10	1.22	0.39	0.54	0.50	0.84	0.50
2007	0.98	1.09	1.12	0.40	0.49	0.48	0.80	0.49
2008	1.04	0.95	1.05	0.48	0.45	0.47	0.77	0.49
2009	0.98	1.01	0.96	0.50	0.45	0.52	0.84	0.54
2010	0.84	1.05	0.97	0.48	0.42	0.51	0.82	0.56
2011	0.75	0.92	0.93	0.54	0.41	0.52	0.85	0.59
2012	0.65	0.91	0.79	0.60	0.37	0.50	0.82	0.61
2013	0.61	0.78	0.70	0.64	0.39	0.55	0.83	0.59
2014	0.52	0.64	0.47	0.67	0.49	0.51	0.78	0.66
2015	0.50	0.73	0.61	0.68	0.39	0.53	0.82	0.64
2016	0.50	0.69	0.57	0.67	0.41	0.53	0.81	0.65
2017	0.51	0.63	0.49	0.66	0.48	0.50	0.80	0.71
2018	0.48	0.62	0.41	0.66	0.44	0.51	0.82	0.71
2019	0.49	0.62	0.39	0.66	0.44	0.51	0.82	0.72

表 4-6　　西部各省（自治区、直辖市）历年科技型人才聚集度

年份	内蒙古	广西	重庆	四川	贵州	云南	西藏	陕西	甘肃	青海	宁夏	新疆
2005	0.68	0.35	0.89	0.74	0.23	0.32	0.22	1.43	0.63	0.47	0.71	0.46
2006	0.68	0.33	0.89	0.70	0.27	0.31	0.33	1.45	0.58	0.43	0.69	0.44
2007	0.61	0.31	0.91	0.71	0.26	0.29	0.18	1.38	0.56	0.42	0.77	0.45
2008	0.63	0.32	0.88	0.70	0.23	0.29	0.15	1.21	0.53	0.32	0.65	0.40
2009	0.63	0.35	0.77	0.60	0.24	0.26	0.26	1.10	0.47	0.51	0.70	0.49
2010	0.64	0.36	0.73	0.53	0.26	0.25	0.22	1.07	0.44	0.48	0.60	0.49
2011	0.61	0.38	0.71	0.47	0.24	0.24	0.16	0.98	0.39	0.44	0.60	0.45
2012	0.60	0.37	0.70	0.50	0.25	0.24	0.15	0.99	0.40	0.41	0.58	0.38

续表

年份	内蒙古	广西	重庆	四川	贵州	云南	西藏	陕西	甘肃	青海	宁夏	新疆
2013	0.61	0.34	0.72	0.53	0.30	0.23	0.13	1.05	0.38	0.35	0.54	0.33
2014	0.45	0.27	0.95	0.61	0.30	0.32	0.12	0.97	0.32	0.36	0.56	0.27
2015	0.58	0.30	0.79	0.53	0.27	0.30	0.11	0.99	0.37	0.27	0.56	0.31
2016	0.58	0.30	0.85	0.55	0.26	0.29	0.10	0.98	0.36	0.28	0.52	0.29
2017	0.48	0.27	0.95	0.61	0.29	0.32	0.10	0.98	0.31	0.36	0.54	0.24
2018	0.44	0.29	0.90	0.58	0.27	0.31	0.09	0.99	0.33	0.32	0.52	0.25
2019	0.41	0.29	0.91	0.58	0.27	0.30	0.08	0.99	0.33	0.32	0.51	0.23

2005年，科技型人才聚集度北京10.20、上海4.08、天津3.20，远高于中西部各省（自治区、直辖市），科技型人才聚集区与稀疏区的科技型人才聚集度相差近10倍。随后，东部地区的科技型人才聚集度“一区独大”的差距虽有所缩小，但东部地区与中西部地区的差距仍十分巨大[15]。2019年东部地区的北京、上海、江苏、浙江的人才聚集度均高于2，依然为我国科技型人才的增长极[15]。中西部地区的科技型人才聚集度变化相对较小，聚集度低于0.50的省份由2005年的7个省（自治区、直辖市）扩张到11个省（自治区、直辖市），且聚集度最低的西藏由2005年的0.22变为0.08，科技型人才聚集洼地状况更加严峻[15]。期间东部地区的整体科技型人才聚集度从1.55小幅提升至1.78，中部地区从0.74降至0.58，西部地区从0.6降至0.43[15]。

综上所述，我国科技型人才呈现出明显的聚集不均衡现象，东部省份聚集度高，西部省份聚集度低，初步得出我国科技型人才发展态势在空间上呈现出一定的聚集不均衡特征。

4.1.2 科技型人才区域聚集不均衡的空间变化

1. 空间相关性分析

本书选取了科技型人才聚集度的莫兰指数（Moran’s I）对科技型人才区域聚集不均衡的空间分布事实进行了描述。莫兰指数是由美国亚利桑那州立大学地理与规划学院院长Luc Anselin教授在1995年提出的，主要用来度量空间的相关性。莫兰指数分为全局莫兰指数和局部莫兰指数。莫兰指数经过方差归一化之后，会被归一化到－1.0～1.0，Moran’s I＞0表示空间正相关性，其值越大，空间相关性越明显；Moran’s I＜0表示空间负相关性，其值越小，空间差异越大；Moran’s I＝0，空间呈随机性[151]。

本书运用MATLAB软件对我国31个省（自治区、直辖市）的科技型人才聚集度进行空间相关性计算后，进一步对2005—2019年的莫兰指数进行显著性检验，莫兰指数显著性检验的结果见表4－7[15]。可以看出，2005—2019年的莫兰指数分布为0.204～0.419，且所有莫兰指数值均为正值，均通过P值检验，并且Z值得分为2.937～4.134，表明了我国科技型人才分布存在非常显著的空间正相关关系[15]。此外，出现科技型人才聚集度高的省（自治区、直辖市）相互邻接，科技型人才聚集度低的省（自治区、直辖市）相互比邻的趋势，也印证了科技型人才聚集度的空间相关性较为显著，说明我国科技型人才聚集水平存在着显著的全局空间聚集效应，空间分布的聚集现象显著，科技型人才区域聚集不均衡事实结果清晰可见[15]。具有相似科技型人才聚集度省（自治区、直辖市）的空间分散性已经显现，科技型人才聚集度高的省（自治区、直辖市）的示范效应、扩散效应和相对落后省（自治区、直辖市）的回波效应已经显现[15]。

表 4-7　　我国科技型人才聚集度莫兰指数检验

年份	莫兰指数（Moran's I）	Z 值	P 值
2005	0.204	3.327	0.001
2006	0.221	2.998	0.003
2007	0.219	2.937	0.003
2008	0.235	3.075	0.002
2009	0.250	2.936	0.003
2010	0.277	3.096	0.002
2011	0.309	3.350	0.001
2012	0.326	3.440	0.001
2013	0.352	3.684	0.000
2014	0.361	3.712	0.000
2015	0.419	4.134	0.000
2016	0.416	4.081	0.000
2017	0.374	3.746	0.000
2018	0.402	3.931	0.000
2019	0.410	3.935	0.000

从表 4-7 我国科技型人才聚集度莫兰指数检验结果中可以看出，随着时间的增加，莫兰值从 2005 年的 0.204 增加至 2019 年的 0.410，说明我国科技型人才在空间区域聚集不均衡程度随着时间的增加而加剧。

绘制我国科技型人才聚集度指数的局部莫兰散点图。由于莫兰散点图每年的变化较小，因此以 2005 年、2009 年、2013 年和 2019 年（如图 4-1 所示）为例，更明显的呈现出我国科技型人才聚集水平的空间关联性。局部莫兰散点图一共包括 4 个象限，第一象限的高-高（H-H）聚集区代表研究区域的科技型人才聚集度较相邻区域的科技型人才聚集度高，空间关联呈现出扩散效应；第二象限的低-高（L-H）聚集区代表研究区域的科技型人才聚集度较相邻区域的科技型人才聚集度低，空间关联呈现过渡区域的特点；第三象限低-低（L-L）聚集区代表研究科技型人才聚集度低的区域被科技型人才聚集度低的区域相包围；第四象限的高-低（H-L）聚集区代表研究区域的科技型人才聚集水平高于相邻区域，高聚集度的地区被低聚集度地区包围，空间关联呈极化效应。

由图 4-2 可以看出，我国 31 个省（自治区、直辖市）的莫兰散点虽在空间直角坐标系的 4 个象限均出现，但是主要集中在第一象限、第二象限以及第三象限，高-高区域主要有北京、天津、上海、江苏、浙江，2012 年以后福建也进入该区域，这些省（自治区、直辖市）主要是东部发达沿海区域[15]。高-低区域主要有广东、陕西、辽宁。低-高区域和低-低区域主要是一些中部和西部的省（自治区、直辖市）。这充分体现了各区域之间在

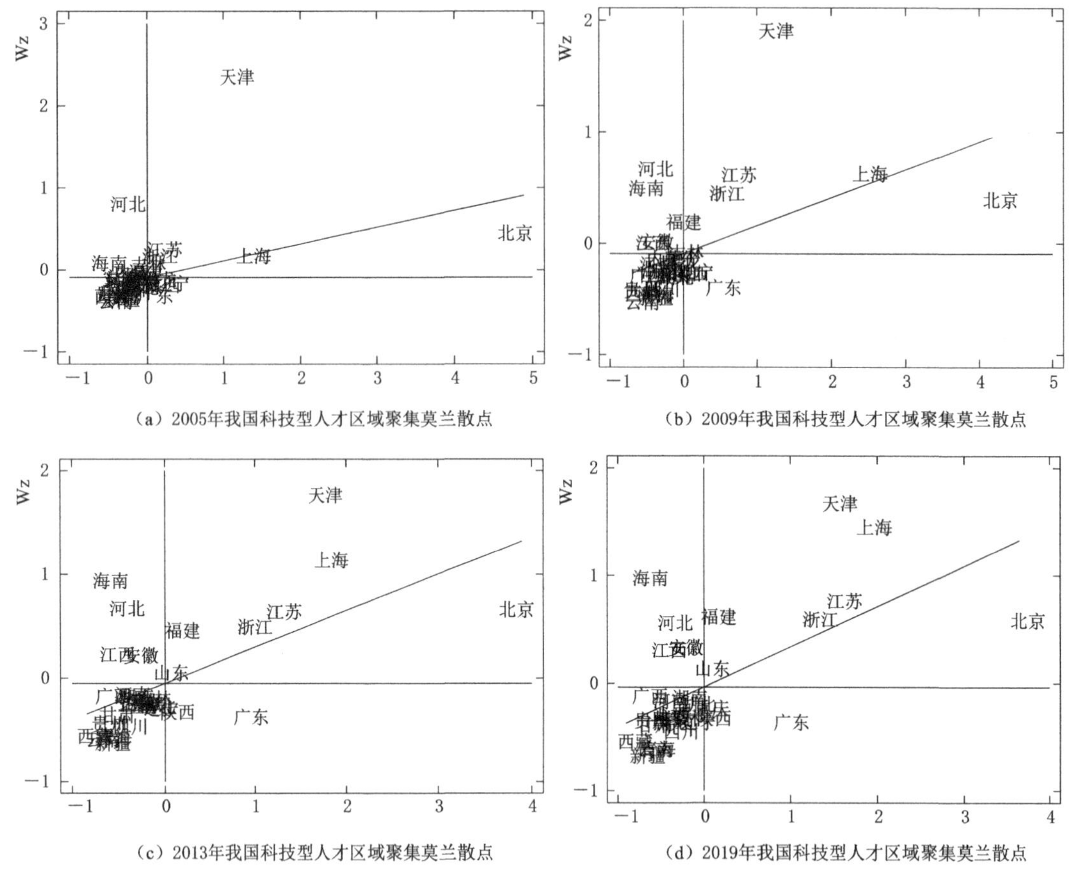

图 4-1 我国科技型人才区域聚集主要年份的莫兰散点

地理位置上呈现的正向空间关联的特点，表明我国科技型人才聚集水平较高及较低的区域在空间上分布比较集中，科技型人才聚集度过渡区域在空间上的分布亦然。具体而言：

(1) 高-高 (H-H) 聚集区，主要集中在北京、上海、天津、江苏、浙江等东部地区。东部地区是我国社会经济发展中心地区，在经济、科技、文化、教育等各方面均处于优势，对于科技型人才的吸引力度较大，加速了人才的聚集[150]。

(2) 低-高 (L-H) 聚集区，主要集中在东部地区的河北、海南，还有中部地区的安徽、江西、山东[15]。这些省（自治区、直辖市）在地理位置上与东中部地区的科技型人才聚集度高的省（自治区、直辖市）邻近，整体发展水平低于东部地区[15]。由于地理位置与东部地区邻近，在实际发展过程中承担了与发达地区相邻而造成人才资源流出的代价，若该聚集区的省（自治区、直辖市）能利用好高聚集区省份的辐射效应和扩散效应，那么科技型人才发展水平提升问题就能够得到合理解决[15]。

(3) 低-低 (L-L) 聚集区，主要集中在西部的所有省（自治区、直辖市），以及部分中部省（自治区、直辖市）[15]。首先，中西部省（自治区、直辖市）所在地理位置具有先天劣势，在产业发展、技术和资金支持等方面也存在不足，科技发展水平先天较为落后且后天发展缓慢、产业结构不合理且调整成本较高、教育落后等原因降低了对科技型人才的吸引力，阻碍了科技型人才的聚集[15]。此外，低-低聚集区的省（自治区、直辖市）数量在2005—2019年一直呈波动状态，虽然部分省（自治区、直辖市）科技型人才在短期内数量提升较快，人才聚集度有所提升，但较为落后的发展模式无法营造良好的地区人才发展环境，使高新技术产业不能朝着良性循环方向发展[150]。由于西部地区从未出现高水平的科技型人才聚集度，故高聚集度地区的辐射效应和扩散效应并未在西部地区体现，只有当高聚集度的东部地区的辐射效应和扩散效应得以展现或自身发展突破恶性循环的漩涡时，低-低（L－L）聚集区的省（自治区、直辖市）数量才会减少[15]。

（4）高-低（H－L）聚集区，主要是广东在该象限出现。广东在2005—2019年一直处在此象限，说明广东的人才发展效果相较其他区域处于人才聚集度较高的地区，极化效应明显[15]。近年来，广东在高新技术产业发展等方面进行资源优化配置，加上其本身所具有的地理位置优势、较好的产业基础和良好的教育体系，从而促使其对人才持续吸引，但与其相邻的省（自治区、直辖市）均为科技型人才聚集度较低的省（自治区、直辖市），说明广东并未与周边省（自治区、直辖市）产生良好的人才互动体系[15]。陕西多次出现在该聚集区，主要由于在西部省（自治区、直辖市）中，陕西拥有较好的科技历史基础和教育优势，拥有本科院校57所，有较好的科研环境，在一定程度上对科技型人才相较其余中西部省（自治区、直辖市）具有更高的吸引力[15]。辽宁自2010年后再未出现在该区域，说明辽宁的科技型人才发展呈流失模式。但不容忽视的是，高-低聚集区的省（自治区、直辖市）对于周边区域的人才吸引的虹吸效应要大于扩散效应，在发展的过程中产生极化效应，长此以往不利于我国区域的整体协调发展[15]。

综上所述，在以东部各省份的政治制度红利和自然地理优势为带领的城市群落发展条件下，形成了以东部地区为核心，中西部地区为外围的科技型人才空间聚集格局[15]。具体来说，科技型人才的空间聚集具有以下特征：第一，空间聚集不均衡，东部地区科技型人才聚集度高，中西部地区科技型人才聚集度低；第二，随着时间演变，这种不均衡的趋势在加剧，东部地区高聚集度的省（自治区、直辖市）由2005年的北京、上海扩展至北京、上海、浙江、江苏、广东，而低聚集度的省（自治区、直辖市）由西部地区贵州、西藏等部分省（自治区、直辖市）扩展到西部所有省（自治区、直辖市）和部分中部省（自治区、直辖市），东部地区的科技型人才聚集度逐步提升，而西部地区的科技型人才聚集度相对下降，东西差距进一步拉大；第三，科技型人才的聚集具有空间依赖性，空间聚集模式以高-高类型和低-低类型为主，且随着时间变化而动态演化[15]。高-高类型集中于东部发达省（自治区、直辖市），低-低类型主要集中于西部欠发达省（自治区、直辖市）[15]。随着各省（自治区、直辖市）对人才的重视和各项吸引科技型人才政策的出台，中西部区域省（自治区、直辖市）吸引人才的能力得到加强，出现一定程度的回流效应，各省（自治区、直辖市）的人才聚集度差距有所缩小，但是仍然无法摆脱东部地区“一枝独秀”的局面，而且这种区域聚集不均衡的现象近年来愈演愈烈，日益加重[15]。

2. 科技型人才区域聚集不均衡的空间计量模型

本书将利用空间计量模型测量科技型人才聚集在空间上是否对经济、社会、科技发展产生影响。

（1）变量的选取。

1）被解释变量。被解释变量涉及科技发展、经济发展和社会发展，依据我国 2017 年发布的“中国可持续发展指标体系”（CSDIS），得出各被解释变量与控制变量。在科技发展方面，本书将使用高技术产业增加值与工业增加值比重的形式。在对经济发展的测度方面，本书选用 31 个省（自治区、直辖市）的 GDP 的对数形式表示。在社会发展方面，本书将使用社会保障支出的对数形式来表示。2005—2019 年间的所有数据均来源于《中国统计年鉴》《中国科技统计年鉴》。

2）解释变量。该变量可以用前文测算的 31 个省（自治区、直辖市）的科技型人才聚集度来表示。

3）控制变量。本书将借鉴相关学者在研究课题中选取的控制变量及 CSDIS 指标，说明在我国的发展过程中，科研的投入、经济增速和房价水平均表现出了相关的影响作用，因此本书将选取 R&D 经费投入强度、GDP 增长率和平均房价作为本文的控制变量。2005—2019 年的所有数据均来源于《中国统计年鉴》《中国科技统计年鉴》。

综上所述，将所有变量整理汇总见表 4 - 8。

表 4 - 8　科技型人才区域聚集不均衡空间分析变量

变量类型	变量名称	变量含义	计算方法
被解释变量	JS	科技发展水平	$\frac{TZ}{GZ}$
被解释变量	$RGDP$	经济发展水平	$\ln GDP$
	PS	社会发展水平	$\ln SSE$
解释变量	STA	科技人才聚集度	$\frac{ST_i/TL_i}{ST/TL}$
控制变量	RDT	科研投入	$\frac{RD}{GDP}$
	$CGDP$	经济增速	$\frac{GDP_T-GDP_{T-1}}{GDP_{T-1}}$
	PF	房价水平	$\frac{PF}{SF}$

注　SSE—社会保障支出额；TZ—高技术产业增加值；GZ—工业增加值；PF—房屋销售价格；SF—房屋销售面积；RD—R&D 经费。

（2）空间计量模型介绍。依据 1.3.2 对空间计量模型的介绍，空间面板数据的出现是基于时间、地理位置的差异，因此与一般的数据相比，其具有空间相关性、时空多尺度等多类特征，这三类空间计量模型依据指标差异将有所侧重使用[143,150]。

1）空间误差模型。由于本书研究科技型人才区域聚集不均衡对科技发展、经济发展与社会发展的影响，依据式（1 - 1），因此可以表示为

$$JS=\alpha_1 STA+\alpha_2 PF+\alpha_3 CGDP+\alpha_4 RDT+\varepsilon$$
$$\varepsilon_{it}=\lambda W\varepsilon_{it}+\mu_{it} \tag{4-1}$$
$$RGDP=\alpha_1 STA+\alpha_2 PF+\alpha_3 CGDP+\alpha_4 RDT+\varepsilon$$

$$\varepsilon = \lambda W \varepsilon + \mu \tag{4-2}$$

$$PS = \alpha_1 STA + \alpha_2 PF + \alpha_3 CGDP + \alpha_4 RDT + \varepsilon$$

$$\varepsilon_{it} = \lambda W \varepsilon_{it} + \mu_{it} \tag{4-3}$$

2）空间滞后模型。依据式（1－2），可得到空间滞后模型在本书中的表达式可以设定为

$$JS = \rho WJS + \alpha_1 STA + \alpha_2 PF + \alpha_3 CGDP + \alpha_4 RDT + \varepsilon \tag{4-4}$$

$$RGDP = \rho WRGDP_{it} + \alpha_1 STA + \alpha_2 PF + \alpha_3 CGDP + \alpha_4 RDT + \varepsilon \tag{4-5}$$

$$PS = \rho WPS + \alpha_1 STA + \alpha_2 PF + \alpha_3 CGDP + \alpha_4 RDT + \varepsilon \tag{4-6}$$

3）空间杜宾模型。依据式（1－3）可得到空间杜宾模型在本书中的表达式可以设定为

$$JS = \rho WJS + \alpha_1 STA + \alpha_2 PF + \alpha_3 CGDP + \alpha_4 RDT + \theta_1 W\overline{STA} + \theta_2 \overline{PF} + \theta_3 \overline{CGDP} + \theta_4 \overline{RDT} + \varepsilon \tag{4-7}$$

$$RGDP = \rho WRGDP + \alpha_1 STA + \alpha_2 PF + \alpha_3 CGDP + \alpha_4 RDT + \theta_1 W\overline{STA} + \theta_2 \overline{PF} + \theta_3 \overline{CGDP} + \theta_4 \overline{RDT} + \varepsilon \tag{4-8}$$

$$PS = \rho WPS + \alpha_1 STA + \alpha_2 PF + \alpha_3 CGDP + \alpha_4 RDT + \theta_1 W\overline{STA} + \theta_2 \overline{PF} + \theta_3 \overline{CGDP} + \theta_4 \overline{RDT} + \varepsilon \tag{4-9}$$

（3）面板数据平稳性检验。在进行空间计量分析之前，需要对面板数据进行平稳性检验，本书将利用 MATLAB 软件采用 ADF、PP－fisher、LLC 检验方法进行检验，如果数据显示为非平稳，则对其进行一阶差分处理。根据表 4－9，各变量数据均为平稳状态，可以进行下一步的回归分析。

表 4－9　面板数据平稳性检验结果

变量	ADF	PP－fisher	LLC	检验结果
PS	83.0854（0.0282）	111.512（0.0000）	－3.7031（0.0000）	平稳
RGDP	134.857（0.0000）	366.275（0.0000）	－4.116（0.0000）	平稳
JS	98.1631（0.0023）	105.767（0.0004）	－2.016（0.0219）	平稳
STA	110.405（0.0002）	111.290（0.0001）	－2.017（0.0218）	平稳
RDT	83.3567（0.0366）	101.283（0.0012）	－16.221（0.0000）	平稳
CGDP	376.76（0.0000）	93.4114（0.0061）	－5.825（0.0000）	平稳
PF	124.643（0.0000）	236.926（0.0000）	－13.81（0.0000）	平稳

注　括号内表示为 P 值，当小于 5％时，则认为通过平稳性检验。

（4）空间权重矩阵的选择。关于对空间权重矩阵的选择，目前学者主要有两种方式：第一种是以地理位置是否接壤确定矩阵，相邻设为 1，不相邻设为 0；第二种则是以固定值为界限，当距离小于固定值时为 1，大于固定值则设为 0。钟成林、胡雪萍在研究土地

利用行为时，认为城市的建设用地利用效率会受到地理位置的影响，因此采用了 0－1 邻接空间权重的方式，本书也将借鉴该方法，若两个省域相邻，则设为1，否则设定为 0[151]。

（5）空间相关性检验。在空间相关性检验方面，本书首先用莫兰指数进行初步空间相关性检验，检验结果见表 4－10。通过结果可以看到科技型人才聚集对科技、经济、社会发展存在全局空间相关性。

表 4－10　2005—2019 年各变量莫兰指数情况

指标	*JS*		*RGDP*		*PS*	
	Moran's I	P 值	Moran's I	P 值	Moran's I	P 值
2005	0.285***	0.000	0.364***	0.000	0.186***	0.001
2006	0.321***	0.000	0.364***	0.007	0.187***	0.004
2007	0.175***	0.001	0.272***	0.002	0.215***	0.000
2008	0.119***	0.000	0.272***	0.002	0.213***	0.000
2009	0.407***	0.002	0.258***	0.001	0.327***	0.000
2010	0.101*	0.078	0.258***	0.000	0.439***	0.010
2011	0.251***	0.001	0.364***	0.000	0.351***	0.003
2012	0.333*	0.063	0.360***	0.000	0.463***	0.008
2013	0.415***	0.006	0.285***	0.002	0.215***	0.009
2014	0.503***	0.003	0.254***	0.002	0.551***	0.001
2015	0.576***	0.000	0.364***	0.003	0.663**	0.012
2016	0.504***	0.009	0.272***	0.003	0.551***	0.014
2017	0.317***	0.001	0.258***	0.003	0.327***	0.000
2018	0.471***	0.004	0.244***	0.003	0.103***	0.000
2019	0.413***	0.003	0.23***	0.006	0.203***	0.010

注　*、**、***分别表示为10%、5%、1%显著性。

4.2　科技型人才区域聚集不均衡的科技影响分析

4.2.1　科技型人才区域聚集不均衡时间演进的科技影响分析

2020 年 10 月，党的十九届五中全会明确指出“坚持创新在我国现代化建设全局中的核心地位，把科技自立自强作为国家发展的战略支撑”，因此，科技创新已成为国家综合竞争中的核心竞争力。但是，因科技型人才流动不均衡的持续发展，使广大中西部地区陷入科技型人才流失—科研创新动力不足—科研水平发展迟缓—科技环境吸引力下降—科技型人才流出加剧—区域科技创新能力相对弱化的恶性循环之中，特别是随着时间的演进呈加剧趋势。主要表现在以下几个方面。

1. 低聚集区域科技创新动力不足

据中国科技统计年鉴相关统计数据显示，东部地区 R&D 人才数量与中、西部地区 R&D 人才数量差异越来越大（如图 4－2 所示）。科技型人才是科技创新的最宝贵资源，而科技型人才数量的不足会直接导致区域创新能力不足，区域社会经济发展水平相对缓慢。这种状况又会影响这些地区的企业和政府对科技发展的信心、投资能力及投资意愿，造成区域科技创新动力不足。

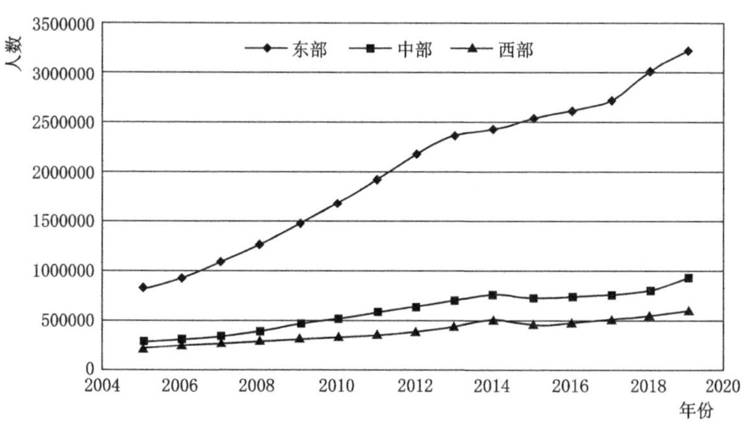

图 4－2　各区域科技型人才数量

数据来源：《中国科技统计年鉴》。

区域科技创新能力与区域高等院校的数量及人才培养的规模联系紧密。2020 年教育部公布的高等院校名单显示：江苏有 167 所高校，占据全国首位，而位于西部地区的青海和西藏的院校数量仅为 12 所、7 所，高校数量存在较大的差异。由于高校是科技创新和人才培养的重要基地，如果高校数量少，说明这些地区科技型人才的增量来源不足，更何况，这些地区的高校毕业生也想方设法“一江春水向东流”，削弱了区域创新的人才支撑能力[28]。

2. 低聚集区域科研水平提高缓慢

科研水平代表着一个国家或地区的科技进步的能力。如果区域科研水平高，成果转化能力强，就会加快区域社会经济发展的速度，提升区域综合竞争能力。相反，科研水平发展缓慢，这些区域可能会在激烈的市场竞争中处于弱势地位，难以提升区域竞争能力。以区域发明专利授权数（图 4－3）和科研项目（图 4－4）为例，东部地区的科研平均水平明显优于中、西部地区的科研平均水平。

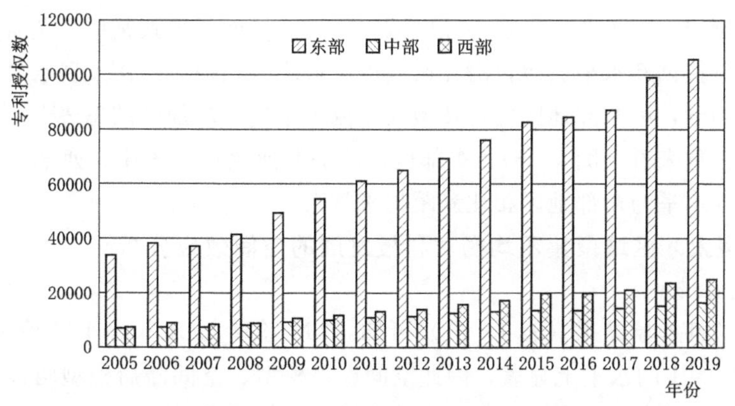

图 4－3　各区域发明专利授权数

数据来源：《中国科技统计年鉴》。

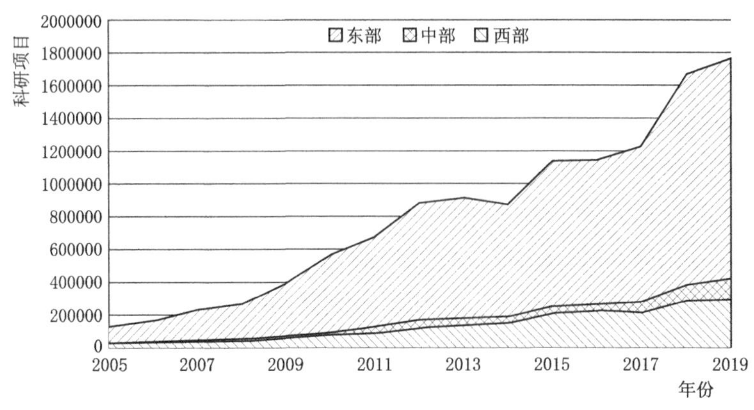

图 4-4　各区域科研项目数量

数据来源：《中国科技统计年鉴》。

3. 区域科技型人才工作效率降低

工作岗位、工作意愿、工作效率与工作成果是呈现一定正向关系的。

从宏观层面看，当科技型人才流动的趋势呈现不均衡时，流出地和流入地的科技型人才的工作岗位、工作意愿就会发生部分变化，这些变化会影响科技型人才的工作效率和工作成果。对于流出地来说，有些科技人员的工作岗位难以如愿，工作积极性受到压抑，怀才不遇之心常而有之，影响到其工作效率的提升，久而久之，调离愿望随之产生，这是人才流出地科技型人才流失的主要原因之一。对于流入地来说，当科技型人才出现供大于求的局面时，有限的科技资源难以满足全部科技型人才的需要，一部分科技型人才将会处于“无事可做”状态，区域的整体工作效率也会降低，科技进步的不确定性也会随之产生。

4. 低聚集区域科技型人才流失加剧

科技型人才是掌握专门知识、技术职能的特殊人才，在不同工作岗位上具有难以替代的价值，尤其是某些学科和大型科研项目的带头人及组织者。一旦他们流失，其掌握的知识和技能也会随之流失，并且后续人才很难在短时间内进行补充，就会出现“走一人，垮掉一个学科，倒闭一个企业，影响一片区域”的严重局面，导致某些科技研究领域出现顶尖人才断层，科技创新水平放缓，潜在风险逐步形成。在地区经济发展水平、科研环境等诸多因素的影响下，中西部地区的科技型人才流失呈进一步加剧的态势[19,37]。以 R&D 人员占区域人口比重来看（图 4-5），东部地区的提升速率远大于中、西部地区，意味着中西部人才的流入水平与东部地区相比差距越来越大。

4.2.2 科技型人才区域聚集不均衡对科技发展的空间效应分析

1. 确定空间模型

由空间相关性检验结果（表 4-11）可知，LM 检验与 Robust LM 检验的 P 值均小于 0.01，即在 0.01 的水平上显著，因此空间误差模型、空间滞后模型两种模型均适合本书。由于在两种模型都适合的情况下，可以使用空间杜宾模型，因此选择空间杜宾模型进行空间计量。

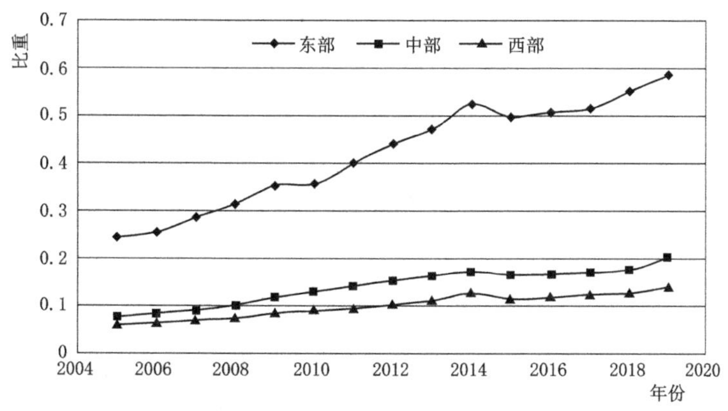

图 4-5 各区域 R&D 人才数量占当地人口比重

数据来源：《中国科技统计年鉴》。

表 4-11 **空间相关性检验**

模型	检验	统计量	P 值	结果
空间误差模型	Moran's I	19.132	0.0000	适合
	LM	325.030	0.0000	适合
	Robust LM	134.323	0.0000	适合
空间滞后模型	LM	195.080	0.0000	适合
	Robust LM	4.373	0.0037	适合

2. 基于空间杜宾模型的科技型人才区域聚集不均衡科技影响的空间测度

豪斯曼检验的 P 值为 0.0031，统计量在 5%的水平上不显著，拒绝原假设的随机效应，因此在运用空间杜宾模型时采用固定效应进行研究。为了充分探讨科技型人才区域聚集不均衡与科技发展水平之间的关系，将 OLS 回归模型结果与空间杜宾模型回归结果（表 4-12）进行呈现，通过对比可以发现，空间杜宾模型的拟合度 R^2 的值为 0.9401 明显大于 OLS 回归模型中的 R^2 的 0.8004，log L 值也从 −17.31 增加至 −12.49，可见运用空间杜宾模型是适合的，科技型人才区域聚集的不均衡与科技发展水平呈现空间相关关系。

表 4-12 **OLS 回归模型与空间杜宾模型回归结果对比**

变量	OLS	SDM
STA	−0.1105*** (0.0044)	−0.1197*** (0.0057)
CGDP	−0.08*** (0.0236)	−0.1172*** (0.0241)
PF	0.5369*** (0.0575)	0.5312*** (0.0667)

续表

变量	OLS	SDM
RDT	−0.287*** (0.0413)	−0.2343*** (0.0485)
log *L*	−17.31	−12.49
R^2	0.8004	0.9401

注 1. 变量第一行为指标的系数。
2. 括号里为数据的标准误差。
3. *、**、***分别表示为10%、5%、1%显著性。

由STA的系数为−0.1197可见，科技型人才的非均衡会加剧降低科技发展水平，抑制技术市场的发展。另外控制变量经济增速、房价水平和对科研的投入对科技发展水平均呈现显著的相关关系。为了更进一步了解科技型人才区域聚集度的高低对本地和周边地区的科技发展影响，将科技型人才聚集度、经济增速、房价水平、科研投入对经济发展的影响分解为直接效应和间接效应，具体分解结果见表4-13。从空间杜宾模型影响因素的效应分解中可以看出科技型人才区域聚集不均衡对本地区会存在提升效应，而对于其他地区会存在空间抑制效应。

表4-13　　空间效应分解

影响	变量	系数	统计量	P值
直接效应	*STA*	0.1194	21.59	0.002
	CGDP	−0.1173	−4.92	0.729
	PF	0.5334	8.40	0.329
	RDT	−0.2348	−4.70	0.000
间接效应	*STA*	−0.0664	−8.27	0.000
	CGDP	0.0434	0.98	0.325
	PF	−0.0546	−0.63	0.530
	RDT	0.154	2.38	0.017

4.3 科技型人才区域聚集不均衡的经济影响分析

4.3.1 科技型人才区域聚集不均衡时间演进的经济影响分析

通过科技型人才区域聚集不均衡的空间计量分析，可以知道科技型人才区域聚集不均衡对经济发展的影响很大。本书主要从对经济发展的负面影响的角度展开分析，探讨引起区域经济差距拉大的深层次原因，从而完成对该风险的识别分析。

20世纪90年代以来，我国逐步进行了市场化改革，促进了区域经济开放，形成了高效率的区域经济发展区，国民经济快速发展为世界的第二大经济体[144]。这样的经济发展效率是市场化改革带来的成效，而经济增长极也是政府的经济区域化政策的体现，无论是政策的倾斜度差异，还是市场开放程度的差异，均影响了我国现阶段的区域经济发展成果。例如经济特区的建立、自贸区的建立等大多在东部地区，政策上实行了由东向西的渐进式推进。区域间制度倾斜程度的差异导致了市场化程度的差异，进一步影响了区域经济发展的差异。再加之东部地区拥有水陆交通的经济地理优势，较早开放的人文历史优势，使得东部与中西部地区发展不平衡的状态更加严峻，长此以往，也会影响我国经济健康持续发展和社会稳定协调发展。随着我国区域经济协调发展战略的调整以及经济市场化程度的普遍提高，区域经济发展差距从长期看，可能会有所缓解，但在短期内不会有明显改善。

自 1985 年开始，中央政府把国家生产力布局向沿海倾斜，以沿海城市为主的东部地区与内陆地区为主的中西部地区在经济发展上差距逐渐拉大，形成了东、中、西三大地区经济的梯度结构，且经济差距越来越明显[148]。从经济总量来看，东部地区的 GDP 由 2005 年的 117933.65 亿元发展到 2019 年的 536070.64 亿元，中部地区由 2005 年的 46362.07 亿元发展到 2019 年的 244077.29 亿元，西部地区由 2005 年的 33493.31 亿元发展到 2019 年的 205185.18 亿元。在区域经济发展过程中，由于区域地理位置、自然条件、政策导向的差异，导致我国区域经济发展差距越拉越大。三大地区的经济总量均快速增长，但差距也是明显的。从三大区域的人均 GDP 来看，无论是按照当年价格计算还是按照 2005 年的价格计算，2005—2019 年东部地区与中西部地区的差距均在扩大（图 4-6）。东部地区的人均 GDP 由 2005 年的 2.31 万元增长至 2019 年的 9.16 万元，中部地区的人均 GDP 由 2005 年的 1.11 万元增长至 2019 年的 5.59 万元，西部地区由 2005 年的 0.93 万元增长至 2019 年的 5.37 万元。中、西部地区与东部地区的人均 GDP 的绝对差距呈扩大趋势。

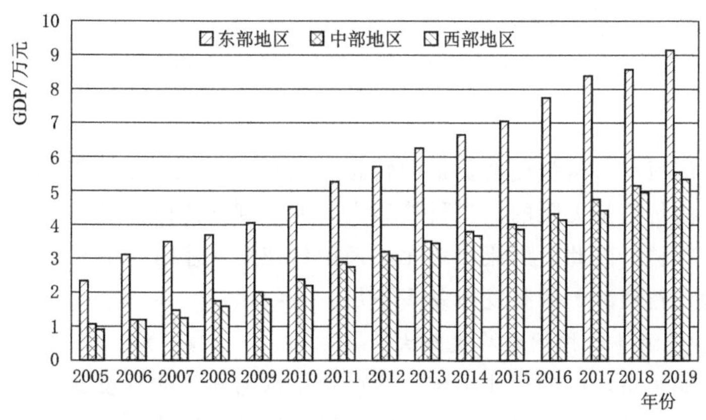

图 4-6　我国各区域 2005—2019 年的人均 GDP

数据来源：《中国统计年鉴》。

科技型人才聚集往往比普通人力资源聚集更能促进经济的增长与资源的积累。科技型人才聚集对区域经济的发展作用也十分巨大，一般来说，拥有科技型人才数量较多的地区，其经济发展水平也就较高。根据对各省 2019 年的政府工作报告统计，仅北京高新技术企业就达到了 2.5 万家，中关村示范区总收入超过 5.8 万亿元；安徽高新技术企业数量则为4710家，云南新增高新技术企业123家。可见，科研资源在地区间的配置已极不均衡。科技型人才区域聚集不均衡还会对区域经济发展造成如下影响。

1. 低聚集区域经济发展后劲不足

地区经济的发展必须以高附加值的产业发展作支撑，即高新技术产业的发展作支撑。而高新技术产业的发展则需要一定数量和质量的科技型人才作支撑。只有他们研发出各项技术和工艺，区域有关产业才能生产出高附加值产品，进而赢得市场，获得巨大的经济效益。

科技型人才流出的地区多集中于中西部省份，这些省份虽然自然资源禀赋条件好，但存在着基础设施不健全、生态环境恶劣等问题，第一产业和第二产业没有发展优势，高新技术产业发展缓慢，区域经济发展水平低、速度慢，经济活力下降[34]（图4-7），导致区域经济发展后劲不足，难以容纳科技型人才就业，使其“无用武之地”，产生流动意愿。

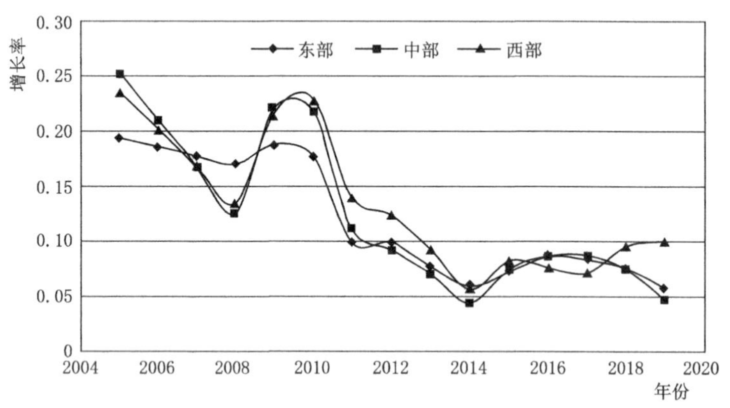

图4-7 东、中、西部GDP增长率

数据来源：《中国统计年鉴》。

科技型人才的流动与科技创新要素的转移是密切相关的。脑力劳动之所以如此重要，是因为知识创造的价值是无限的。当科技型人才流动到其他地方时，其所拥有的知识和所创造的价值均会转移。因此，当流出地无法挽留科技型人才时，依靠科技创新才能够发展的产业就会出现效益递减，后续发展劲头不足。

2. 低聚集区域经济结构调整难度加大

经济结构主要是指地区的产业结构，而产业结构与地区的科技发展水平、人力资本要素的高低是密切相关的。地区科技发展的实力可以推动当地第三产业的指数式增长，如人工智能和大数据产业，其发展水平、速度、质量与科技型人才聚集度和创新能力是密切相契合的。纵观我国各省份科技创新能力与经济发展关系，不难看出，科技创新能力高的地区对GDP产值的贡献远远高于科技能力低的地区，以过去15年高新技术产业产值占GDP比重为例（图4-8），东部地区高新技术产业产值占比基本维持在45%左右，中部地区的高新技术产业产值一直处于全国最低，2011年还不足10%，西部地区得益于从2008年发改委提出的一系列有关西部大力发展高技术产业的举措，因此西部的经济结构逐渐调整，高新技术产业产值占比逐年增加。

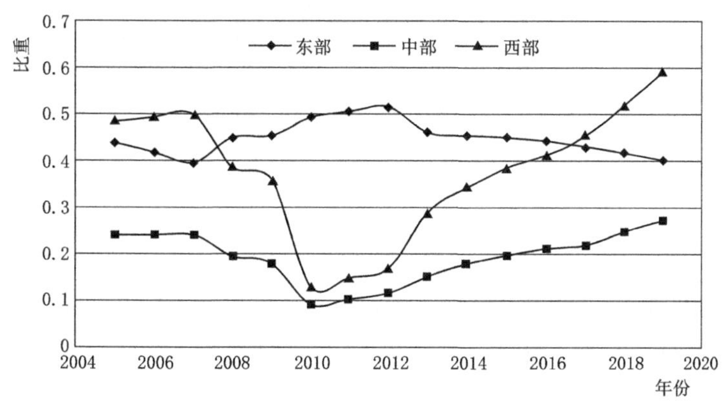

图 4-8 各区域高新技术产业产值占 GDP 比重

数据来源：《中国统计年鉴》。

科技型人才是人力资本中的重要群体，可通过区域技术进步直接影响地区经济结构的变化。当科技型人才在地区间不均衡流动时，科技创新能力低的地区，科技要素禀赋会急剧下降，地区经济结构的调整速度将会放缓。而科技创新能力高的地区由于具备比较雄厚的科技实力，各类产业容易提质升级，进而激发区域产业的活力。使区域经济发展速度更快，质量更高。

3. 各区域经济政策难以落地

政府行为理论认为，为了保证宏观经济平稳运行，政府会根据市场主体的行为对经济运行进行宏观调控，适时出台各类引导性的政策引导经济运行轨迹，包括财政政策、货币政策、产业政策等。积极的经济政策可以促进经济结构不断优化和经济效益不断提升；反之则会造成经济结构的低级化，影响宏观经济的平稳发展。

当前，我国各省份都在出台吸引人才的各类政策，但政策效果的实施还需要依据现实情境来评估。科技型人才总量在一定时间内是相对稳定的，当科技型人才在各区域间进行流动后，作为流出地政府的人才政策由于受到各种因素的制约，很难达到稳定人才和吸引人才的应有政策效应。而作为流入地政府出台的人才政策，其优越的地理条件、高质量的经济发展水平、雄厚的科技资源都会成为吸引人才政策的叠加效应，吸引大量的科技型人才快速流入，形成区域人才高地。但是一个地区拥有各种资源毕竟是有限的，当人才涌入数量远远超过该地区资源的承载能力时，政策的叠加效应也会随之衰减，政策难以完全落地的风险就会增加。

4.3.2 科技型人才区域聚集不均衡对经济发展的空间效应分析

1. 确定空间模型

由空间相关性检验结果（见表 4-14）可知，LM 检验与 Robust LM 检验的 P 值均小于 0.01，因此空间误差模型、空间滞后模型均适合本书。由于在两种模型都适合的情况下，可以使用空间杜宾模型，因此选择空间杜宾模型进行空间计量。

表 4－14　　空间相关性检验

模型	检验	统计量	P值	结果
空间误差模型	莫兰指数	17.507	0	适合
	LM	271.504	0	适合
	Robust LM	273.184	0	适合
空间滞后模型	LM	6.977	0.008	适合
	Robust LM	25.687	0	适合

2. 基于空间杜宾模型的科技型人才区域聚集不均衡经济影响的空间测度

豪斯曼检验接受原假设的随机效应，因此在运用空间杜宾模型时采用随机效应进行研究。为了充分探讨科技型人才区域聚集不均衡与经济发展水平之间的关系，将 OLS 回归模型结果与空间杜宾模型回归结果（见表 4－15）进行呈现，通过对比可以发展，空间杜宾模型的拟合优度 R^2 大于 OLS 回归模型中的 R^2，log L 值也从－4.79 增加至－3.75，可见运用空间杜宾模型是适合的，科技型人才区域聚集的不均衡与经济发展水平呈现空间相关关系。首先空间杜宾模型的拟合优度 R^2 为 0.8377，log L 值为－3.75，可见运用空间杜宾模型是适合的，科技型人才区域聚集的不均衡与经济发展水平呈现空间相关关系。

表 4－15　　空间杜宾模型回归结果

变量	OLS	SDM
STA	－0.1828***	－0.0188***
	(0.0187)	(0.0603)
CGDP	0.8284***	0.1723***
	(0.1005)	(0.033)
PF	0.161*	－0.13***
	(0.2451)	(0.0414)
RDT	5.176***	1.2284***
	(0.1762)	(0.0666)
log L	－4.79	－3.75
R^2	0.7791	0.8377

注　1. 变量第一行为指标的系数。
2. 括号里为数据的标准误差。
3. *、**、***分别表示为10%、5%、1%显著性。

由 STA 的系数为－0.1828 可见，科技型人才的非均衡会加剧降低经济发展水平，另外控制变量经济增速、房价水平和对科研的投入对经济发展水平均呈现显著的相关关系。为了更进一步了解科技型人才区域聚集度的高低对本地和周边地区的影响，将科技型人才聚集度、经济增速、房价水平、科研投入对经济发展的影响分解为直接效应和间接效应，具体分解结果见表 4－16。从空间杜宾模型影响因素的效应分解中可以看出科技型人才区域聚集不均衡对本地区及其他地区的经济发展起着阻碍作用，这种不均衡会存在对本地区和其他地区产生空间抑制效应。

表 4-16 空间效应分解

影响	变量	系数	统计量	P值
直接效应	*STA*	−0.0231	−5.14	0
	CGDP	0.1868	6.00	0
	PF	−0.1523	−3.87	0
	RDT	1.3247	20.18	0
间接效应	*STA*	−0.0513	−3.09	0.002
	CGDP	0.1769	1.66	0.097
	PF	−0.2823	−2.30	0.022
	RDT	1.1847	8.91	0

4.4 科技型人才区域聚集不均衡的社会影响分析

4.4.1 科技型人才区域聚集不均衡时间演进的社会影响分析

科技型人才所具备的一项重要禀赋就是其学历和知识的储备，这种储备使其在整个市场中有着先天的优势，当他们发挥自身知识储能促进某一领域的快速发展时，其个人财富也会随之相应增加。丰厚的薪资待遇是吸引人才流动的经济源泉。但一个人的知识储能是有限的，它会随着时间的演进和市场资源配置的变化而变化。因此，科技型人才区域聚集不均衡也会随着时间的演进而变化。

目前，我国的市场经济逐步走向成熟阶段，当市场在资源配置中起决定性作用时，政府会逐步由“管理者”向“服务者”转变，科技型人才自身所具备的知识财富会更容易转变为真实的生产力。科技型人才与普通劳动者在市场上获得的财富会产生巨大的收入差异，直接会影响到区域社会阶层结构的分化，最终出现“富者越富，贫者越贫”、贫富差距拉大的局面[152]。

公平理论认为，资本的高度集中会导致社会阶层出现直接的分裂，演变为阶层对立。在这种形势下，如果人均收入差距不能控制在适度的范围内，直接会引发低收入劳动者对于社会公平的不满，显现阶层对立风险。同理，区域之间的差距过大也会演变为区域对立。科技型人才区域聚集不均衡差距，实际上也是区域最优资源配置差距，会对区域社会发展产生巨大影响，引发区域冲突，增加社会风险。因此科技型人才区域聚集不均衡对社会的影响主要有如下几个方面。

1. 地区社会冲突事件发生概率增加

人才流动理论认为，区域之间生产要素边际收益的不同，是劳动力合理流动的不竭动力。人才流动既涉及人才本身利益的转换，也涉及流出地和流入地区域利益的转换，当区域利益转换伤及某一方根本利益时，就会出现激烈的区域社会对抗和冲突。科技型人才是科技创新的优秀群体，他们的流动既可能促进流入地的科技创新，促进该区域社会经济发展，形成社会经济发展高地，成为包括劳动力聚集在内的资源聚集区。

也可能减缓流出地科技创新能力，由由此导致的科技生产力降低，最终降低人民的生活质量，引发流出地群众对当地政府的不满和不信任感，不断发生信访事件和群访事件，引发社会冲突。

2. 全国人口两极化发展

一般来说，人才流动和人口流动具有紧密联系，人才流动会带动人口流动，人口流动也会引发人才流动，科技型人才流动也是如此。

通过2020年的人口普查工作可知，我国东部地区人口占比39.93%，中部地区占比25.83%，西部地区占比27.12%，东北地区占比6.98%，与第六次人口普查相比，东部地区人口比重上升2.15个百分点，中部地区下降0.79个百分点，西部地区上升0.22个百分点，东北地区下降1.2个百分点。人口向经济发达区域、城市群进一步聚集。东部地区的城镇化率也明显高于中、西部地区（如图4-9所示）。大量的人口挤向发展水平高的城市，在一定程度上造成了城市系统的超负荷运转。而作为流出地的城市，城市系统会逐渐地向衰弱的方向发展。

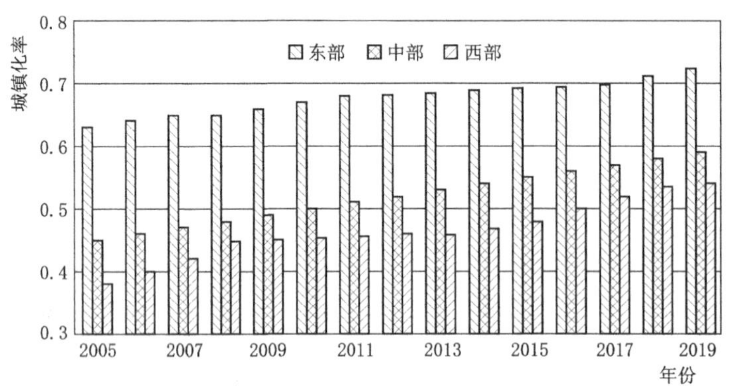

图4-9 各区域年末城镇化率

数据来源：《中国统计年鉴》。

以全国第七次人口普查数据为例，2010—2020年，我国甘肃、内蒙古、山西、辽宁、吉林、黑龙江等省份均出现了人口负增长。

3. 高聚集区域城市生活负担加重

在科技型人才的流向中，东部大城市成为他们流动的首要选择。同时，科技型人才的流动往往是“拖家带口”，伴随他们流入的还有其家庭成员和团队成员，形成人口伴随流动，加剧了城市人口规模的扩张和城市生活供应负担。

城市是一个复杂系统，承载着人们的生产和生活需要。在城市设计之初，设计者必然要规划城市的最大承载力和承受力。当城市的承载力超过最大负荷时，“城市病”就会接踵而来，例如交通拥堵、医疗资源和生活资源供应紧张等。由于城市系统作为复杂系统，扩容难度大、耗资多，很难立竿见影。人口高度聚集的特大型城市，尽管竭尽全力不断扩容，但也难满足人口的急剧增长的需要。从我国目前实际情况来看，大多数特大城市都处于超负荷运转状态，资源供求冲突时有出现。

经济学理论指出，当商品供不应求时，价格就会提高；而当商品供大于求时，价格则会下降[146]。目前，大城市出现的买房难、就医难、升学难就是典型的例证。以房价为例（如图 4-10 所示），多年来，东部地区的房价居高不下，以 2019 年为例，东部地区的北京的房价为 3.6 万元/m^2，而中部地区的湖南的平均房价为 0.61 万元/m^2，西部地区的宁夏的平均房价为 0.56 万元/m^2，北京是湖南房价的 5 倍、宁夏房价的 6 倍，因此由于北京、上海、广州等东部一线城市的房价持续高涨，引发了许多年轻人对政府调控政策的不满，不信任情绪在增加，社会隐形风险在积累。

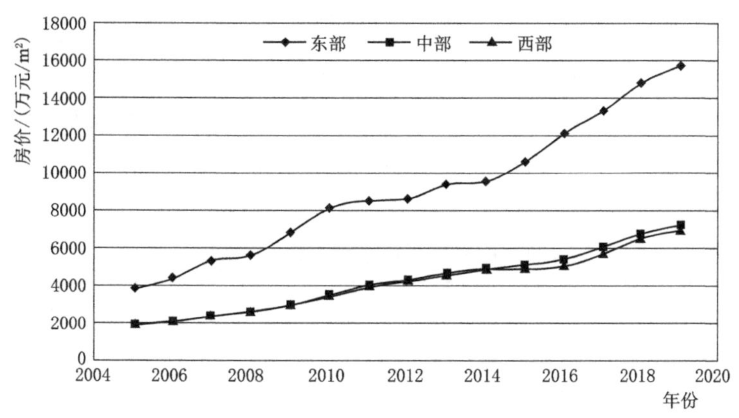

图 4-10　各区域平均房价

数据来源：《中国统计年鉴》。

如果科技型人才的流向继续为这些城市，那么该城市的人才需求结构就会出现供大于求的局面，科技型人才的工资水平或出现相对下降，而住房等刚性需求仍然供小于求，房价持续上涨的趋势就会难以遏制，生活和工作在这些地区的科技型人才生活压力就会随之增加，使他们很难一心一意地投入到科技创新工作中去，久而久之，就会削弱他们的科技创新能力，弱化区域创新效率，出现人才价值"贬值"。

4. 自然环境恶化风险加大

自然环境是人类赖以生存和发展的基础，如果自然环境遭到破坏，那么就会引发一系列的环境问题，如水质量无法控制、空气污染加重等，其潜在的危害性对人们来说是无法估量的。

40 多年来，我国科技型人才持续向东部输入的流动趋势，加大了流入地区的人口密度，使这些地区的环境承载能力不堪重负，自然环境的恶化难以遏制，引发的环境风险逐渐凸显，直接影响着这些区域的可持续发展。

4.4.2　科技型人才区域聚集不均衡对社会发展的空间效应分析

1. 确定空间模型

通过 LM 检验与 Robust LM 检验的结果（见表 4-17）可知，空间滞后模型在 Robust LM 检验中未呈现显著关系，因此本模型将选择空间误差模型。

2. 基于空间误差模型的科技型人才区域聚集不均衡社会影响的空间测度

豪斯曼检验的 P 值为 0，拒绝原假设的随机效应，因此在运用空间误差模型时采用固定效应进行研究。为了充分探讨科技型人才区域聚集不均衡与社会发展水平之间的关系，

表 4 - 17　空间相关性检验

模型	检验	统计量	P 值	结果
空间误差模型	Moran's I	16.597	0	适合
	LM	243.63	0	适合
	Robust LM	221.149	0	适合
空间滞后模型	LM	22.518	0	适合
	Robust LM	0.036	0.849	不适合

将 OLS 回归模型结果与空间误差模型回归结果如表 4 - 18 所示，空间误差模型的拟合度 R^2 明显大于 OLS 回归模型中的 R^2，log L 值也从 −44.45 增加至 −13.09，可见运用空间误差模型是适合的，科技型人才区域聚集的不均衡与经济发展水平呈现空间相关关系。

表 4 - 18　OLS 回归模型与空间误差模型回归结果对比

变量	OLS	SEM
STA	−0.1658***	0.18313***
	(0.0586)	(0.0758)
CGDP	−3.9554**	4.4502**
	(0.3152)	(0.5086)
PF	−2.8191**	−1.2642***
	(0.7684)	(1.2396)
RDT	2.8799***	2.8799***
	(0.5526)	(1.6591)
log *L*	−44.45	−13.09
R^2	0.4932	0.7381

注　1. 变量第一行为指标的系数。
2. 括号里为数据的标准误差。
3. *、**、***分别表示为 10%、5%、1%显著性。

科技型人才区域聚集非均衡与社会发展水平存在正向显著相关关系，由于本书社会发展水平指标采取的是社会保障支出，因此可以说明人才聚集非均衡会加大地区社会保障支出，社会发展负荷会加重。另外控制变量经济增速、房价水平和对科研的投入对社会发展水平均呈现显著的相关关系。

为了更进一步了解科技型人才区域聚集度的不均衡对本地和周边地区社会保障支出的影响，将科技型人才聚集度、经济增速、房价水平、科研投入对社会发展的影响分解为直接效应和间接效应，具体分解结果见表 4 - 19。从空间误差模型影响因素的效应分解中可以看出，科技型人才区域聚集不均衡对本地区的社会保障支出起着促进作用，具有空间提升效应，而对其他地区的社会发展起着阻碍作用，这种不均衡会存在其他地区的空间抑制效应。

表 4-19 空间效应分解

影响	变量	系数	统计量	P值
直接效应	*STA*	0.1074	−4.59	0.001
	CGDP	0.3178	7.02	0.029
	PF	−0.5014	−6.10	0.309
	RDT	0.2348	10.70	0
间接效应	*STA*	−0.0134	−6.27	0
	CGDP	0.1033	0.78	0.025
	PF	−0.124	−1.63	0.010
	RDT	0.131	4.18	0.007

综上所述，科技型人才的空间溢出效应体现了科技型人才的流动性，科技型人才流动性会增加省份之间的科技型人才争夺[15]。某个省份是否可以成功吸引科技型人才的流入以及防止科技型人才的流出，不仅取决于本省份对于科技型人才的绝对投入力度，还取决于其与相邻省份的比较优势[15]。东部地区想要留住更多的科技型人才，往往会投入更多资源，造成资源的浪费，陷入人才争夺的恶性竞争；西部地区则由于自身发展与东部地区差距较大，更难聚集人才，造成科技型人才发展的“马太效应”[15]。对比直接效应和间接效应的差异可知，科技型人才的聚集格局是“虹吸效应”和“空间溢出效应”综合作用的结果[150]。东部地区的省份通过较好的经济发展水平、较完善的社会保障体系和较好的科研环境等吸引了大量的科技型人才聚集于北京、上海、天津、江苏、浙江等省份，同时也通过相应的“空间溢出效应”，提升了河北、安徽、江西等省份的科技型人才聚集水平，促进了相应省份的经济社会发展[15]。因此，优化科技型人才的空间布局，对于促进我国区域科技事业协调发展具有重要的意义[15]。

4.5 本章小结

本章以科技型人才聚集度为研究对象。首先，通过分析科技型人才聚集度在2005—2019年的时空演变趋势，得出我国科技型人才区域聚集形成以东部地区为核心、中西部地区为外围的科技型人才空间聚集格局，这种趋势随时间推移变得更加明显。科技型人才区域聚集具有明显的空间相关性，全局莫兰指数2005—2019年均为正且呈增加趋势，表明我国的科技型人才空间聚集特征明显。其次，这种不均衡状态若长期得不到缓解，在科技方面会导致科研创新动力不足、科技水平停滞不前、科技型人才工作效率降低、中西部科技型人才恶性循环等负向影响，对本地区存在提升效应，而对于其他地区存在空间抑制效应。再次，在经济方面将导致我国区域经济发展差距进一步拉大、区域经济发展后劲不足、地区经济结构调整难度加大以及政策落地效果差等负向影响，对本地区及其他地区的经济发展起着阻碍作用，存在空间抑制效应。最后，在社会方面会造成社会冲突事件增加、城市系统超负荷运转、城市生活负担加重以及自然环境破坏严重等负向影响，对本地区具有空间提升效应，而对其他地区存在空间抑制效应。

第5章

科技型人才区域聚集不均衡的风险因素识别

风险识别的过程是对风险要素发现、描述的过程[74]。在风险评估的整个过程中，风险因素识别是第一步，也是关键的一步。只有全面、科学地将科技型人才区域聚集不均衡的风险因素识别出来，才能更有效地进行科技型人才区域聚集不均衡的风险分析和风险评估。本章将基于第3章科技型人才区域聚集不均衡的影响分析，从宏观角度对风险因素进行识别。

5.1 风险识别的方法

5.1.1 风险识别的方法选择

《风险管理　风险评估技术》（GB/T 27921—2023）中规定，常规的风险评估方法共32个，对于风险识别过程特别适用的为其中14个方法，9个方法可用于风险识别，其余的方法不适用于风险识别过程[71]。14个常用的风险评估方法见表5-1。

表5-1　　14个常用的风险评估方法

序号	方法名称	特征因素			
		资源与能力	不确定性	复杂性	量化结果
1	头脑风暴	低	低	低	否
2	结构化/半结构化访谈	低	低	低	否
3	德尔菲法	中	中	中	否
4	情景分析法	中	高	中	否
5	检查表法	低	低	低	否
6	预先危险分析（PHA）	低	高	中	否
7	失效模式和效应分析（FMEA）	中	中	中	是
8	危险与可操作性分析（HAZOP）	中	高	高	否
9	危险分析与关键控制点（HACCP）	中	中	中	否
10	结构化假设分析（SWIFT）	中	中	中	否
11	风险矩阵	中	中	中	是
12	人因可靠性分析（HRA）	中	中	中	是
13	以可靠性为中心的维修	中	中	中	是
14	压力测试	中	中	中	是

科技型人才区域聚集不均衡的风险识别是对风险因素的寻找和筛选，并不需要量化结果，因此针对风险评估中的14个风险识别方法直接删除得到量化结果的5个风险识别方法。科技型人才区域聚集不均衡的风险因素的识别过程是推进式过程，每一个步骤的推进均是为了降低结果的不确定性，这样可以有效避免运用该方法而导致的风险因素识别的误差过大。针对风险识别的基本要求和本书的研究主题，头脑风暴法、结构化/半结构化访谈法和检查表法相对适用于本书的研究要求。其中头脑风暴法受时空限制较大，研究成本相对较高，且本书基于文献检索法形成风险池，相关文献均基于各专家学者的思考研究，研究结果也是头脑风暴法的结果，因此本书舍弃头脑风暴法，混合采用结构化/半结构化访谈法和检查表法对科技型人才区域聚集不均衡的风险因素进行识别[71,126]。按照这两种方法输入和输出的特征不同，本书先运用结构化/半结构化访谈对科技型人才区域分布不均衡的风险进行初步识别，再用检查表法对风险进行最终的识别。

5.1.2 风险识别的基本步骤

步骤一，文献检索法形成风险池。

在对科技型人才区域聚集不均衡内涵界定的基础上，本节采用文献分析法对现有涉及科技型人才区域聚集不均衡的风险文章进行分类整理。以中国知网的“中国学术期刊网络出版总库”“中国优秀硕士学位论文全文”“中国博士学位论文全文数据库”为文献来源，以“科技型人才分布”“科技型人才聚集”“科技型人才聚集风险”为主题，以2005年2月25日—2020年2月5日为发表时间条件对文献进行检索。为了保障文献的代表性以及权威性，对学术期刊上发表的论文进行检索时，只选择“中文社会科学索引”（CSSCI）中收录的期刊，文献按照发表年份和来源分类整理后的统计情况见表5－2。

表5－2　文献分年分类整理

发表时间	中国学术期刊网络出版总库（CSSCI收录）	中国优秀硕士学位论文全文数据库 中国博士学位论文全文数据库
2005年	50	8
2006年	68	20
2007年	63	18
2008年	108	18
2009年	118	20
2010年	112	26
2011年	86	23
2012年	115	25
2013年	117	21
2014年	129	21
2015年	151	26
2016年	123	37

续表

发表时间	中国学术期刊网络出版总库（CSSCI 收录）	中国优秀硕士学位论文全文数据库 中国博士学位论文全文数据库
2017 年	134	22
2018 年	148	22
2019 年	103	12
2020 年	5	0
总计	1630	319

数据来源：2005.02.25—2020.02.05 中国知网数据库搜索整理。

步骤二，半结构化访谈确定关键风险因素。

对涉及科技型人才区域聚集不均衡引致的各类风险因素进行进一步分类总结，使用 Nvivo11 软件进行文献的质性分析。首先对文献涉及的主要观点、实证分析和结论进行节点编码，然后在相关内容中分析涉及科技型人才区域聚集不均衡的风险因素的描述，通过这些相关描述的关键信息进行二次编码，最终检测这些信息是否覆盖了文献首次编码的相关观点。本书将以第二次编码作为科技型人才聚集不均衡的风险识别，并以文献数为统计单位对风险因素描述的词频覆盖率进行统计。

（1）访谈对象的确定。依据 1.3.2 所示，最终选取的访谈对象为东部科技型人才 15 人，中部 20 人，西部 17 人，具体访谈对象信息见表 5 - 3。

表 5 - 3　区域科技型人才聚集不均衡风险识别访谈对象信息

姓名	性别	年龄	职务	编码
对象 1	男	51	高级工程师	BJ1
对象 2	男	56	教授	BJ2
对象 3	女	48	高级工程师	SH1
对象 4	男	47	中级工程师	SH2
对象 5	女	54	中级工程师	TJ1
对象 6	女	37	助理工程师	TJ2
对象 7	男	43	研究员	HN1
对象 8	男	57	副教授	FJ1
对象 9	女	53	助理工程师	GD1
对象 10	男	42	研究员	GD2
对象 11	女	57	中级工程师	SD1
对象 12	男	35	副教授	HB1
对象 13	男	32	中级工程师	ZJ1
对象 14	男	36	中级工程师	ZJ2
对象 15	女	34	中级工程师	JS1
对象 16	女	58	高级工程师	SX1

续表

姓名	性别	年龄	职务	编码
对象 17	男	58	研究员	SX2
对象 18	女	39	副教授	SX3
对象 19	男	35	助理工程师	SX4
对象 20	女	36	研究员	SX5
对象 21	女	40	研究员	AH1
对象 22	男	37	副教授	AH2
对象 23	男	35	助理工程师	AH3
对象 24	女	33	研究员	JX1
对象 25	女	42	中级工程师	JX2
对象 26	男	34	副教授	JX3
对象 27	男	48	副研究员	HN1
对象 28	男	54	高级工程师	HN2
对象 29	男	46	中级工程师	HN3
对象 30	女	44	高级工程师	HC1
对象 31	男	43	研究员	HC2
对象 32	男	39	副教授	HN1
对象 33	女	38	助理工程师	HN2
对象 34	男	32	研究员	HN3
对象 35	女	44	中级工程师	HN4
对象 36	女	39	副教授	NM1
对象 37	女	57	高级工程师	GX1
对象 38	男	45	中级工程师	GX2
对象 39	女	45	中级工程师	GX3
对象 40	男	35	助理工程师	CQ1
对象 41	男	43	助理研究员	CQ2
对象 42	女	36	讲师	SC1
对象 43	男	45	副教授	GZ1
对象 44	女	53	高级工程师	GZ2
对象 45	女	55	副教授	YN1
对象 46	男	39	中级工程师	XZ1
对象 47	男	48	研究员	QH1
对象 48	女	36	中级工程师	GS1
对象 49	男	45	副教授	SM1

续表

姓名	性别	年龄	职务	编码
对象 50	男	34	中级工程师	NX1
对象 51	男	34	中级工程师	XJ1
对象 52	男	50	高级工程师	XJ2

(2) 访谈方式。在对访谈对象充分了解后，尽可能约见访谈对象，由于这个过程成本过高，可以结合现代通信设备，诸如电话、微信、网络等方式来更快速便捷地完成访谈。访谈于 2019 年 11 月—2020 年 3 月进行，并提前与访谈对象沟通好访谈的主题，将访谈的结构与目的提前以文本的形势发送给对方，这样也有助于访谈结果更加客观。访谈的半结构化特征主要体现在依据访谈对象的不同与当下的情景，根据提纲中的 15 个问题会各有侧重（如附录 A 所示）。访谈的具体方式见表 5-4。

表 5-4 访谈方式

访谈方式	访谈对象
面谈（方式编码 1） （6 人）	SX1，SX2，SX3，SX4，SX5，GX1
电话访谈、微信访谈、网络访谈相结合 （方式编码 2） （46 人）	BJ1，BJ2，TJ1，TJ2，ZJ1，ZJ2，SH1，SH2，HN1，FJ1，GD1，GD2，SD1，HB1，JS1，AH1，AH2，AH3，JX1，JX2，JX3，HN1，HN2，HN3，HC1，HC2，HN1，HN2，HN3，HN4，NM1，CQ1，CQ2，SC1，GZ1，GZ2，YN1，XZ1，QH1，GS1，SM1，NX1，XJ1，XJ2，GX2，GX3

(3) 访谈结果的处理。

1) 访谈内容的预处理。在半结构化访谈结束后，针对访谈内容进行编号，本书按照“访谈方式编码＋访谈对象编码”的方式进行编号，例如 2-BJ1 就是对编号 BJ1 的对象进行电话或微信访谈，1-SX1 就是对编号 SX1 的对象进行面谈的方式访谈。以此，形成了 52 个访谈的原始资料文本，将这些内容导入到 Nvivo11 中进行文本分析。

2) 访谈内容的编码。为了保证访谈内容的全覆盖性，本书分析采用双人独立编码来保证分析的效度。通过双人的编码结果对比，重复率在 95%以上，效度可接受。首先，对已经编号的 52 份访谈记录进行第一次编码，根节点为访谈对象的身份编号；其次，将依据访谈大纲问题的 14 个主题问题在样本标号下进行编码；再次，通读访谈原始资料文本，寻找其中对风险因素的可能描述，对于关键词进行关注，例如，大部分的样本中都出现了人均 GDP 为科技型人才对区域聚集不均衡引发的经济风险的主要因素，所以就用“人均 GDP 差异为科技型人才区域聚集不均衡带来经济发展差异的风险因素”为节点对样本进行再次编码；最后，将对二次编码的节点进行再分析归类处理，某些风险可以归为一类的就建立上级节点，最终形成科技型人才区域聚集不均衡的风险因素。

3) 编码内容形成关联。通过对访谈内容的两次编码，形成两个文本，运用 Nvivo11 自带的编码矩阵功能，对这两个文本内容形成关联。经过查询分析后，发现科技型人才区域聚集不均衡的风险因素与样本之间呈现较强的关联性，以身份编码的一级节点和风险因素编码的二级节点为例，表格矩阵中的数字辨识样本同时符合行列的样本个数。

步骤三，通过检查表法对风险因素进行最终识别。

检查表法是通过简单明确对应问题的“是/否”回答来对危险、风险或控制故障进行检查的方法[81]。此步骤主要是通过简单明了的方法来检查风险识别的过程是否有遗漏。检查的对象为半结构化访谈的分析结果，依据该结果来编制问卷，更好地对科技型人才区域聚集不均衡的风险的行更精准的识别。

(1) 编制检查表问卷。根据对访谈文本的分析结果可知，本书的研究对象是人力资本中的稀缺人才，因此为了增加检查表的信度与效度，检查表问卷的设计需要针对利益相关群体设计。问卷设计是以前期访谈文本分析的风险为基本单位，为了更好地得到访问结果，本检查表中的提问换成“您认为以下情况是否可能发生”为题，被调查者只需要针对每一个风险回答“是”或“否”即可，以科研工作者群体为例，检查表问卷设计如附录B所示。

(2) 确定调查方式。本次参与调查人员共500人，其相关信息见表5-5。调查问卷采用网上定向发放的方式进行。

(3) 结果分析。本研究共发放500份问卷，得到483份回复，经统计分析问卷全部有效，有效率为96.6%。对于信度的检测，利用SPSS22.0进行数据分析，计算Cronbach α系数评价问卷的信度。问卷总体的信度分析指标Cronbach α系数达到0.820，超过了0.7的可接受水平，表明问卷的信度较高。本次调查一是根据文献分析和实际经验建立的理论结构；二是通过半结构化访谈进行修改完善；三是选择了较有代表性的被调查者；四是通过实证性因子分析（CFA），得到各个条目的共性方差均大于0.4，说明该问卷效度良好。

表5-5　检查表问卷的调查对象基本情况

调查对象特征			个数/人
个人特征	性别	女	278
		男	222
	年龄	30岁以下	5
		30～40岁	221
		40～50岁	207
		50岁以上	67
	学位	硕士	154
		博士	346
成长特征	学位取得院校	211大学	267
		985大学	123
		中国科学院	34
		国外大学	17
		其他	59
	海外访学、博士后工作经历	有	378
		无	122
	地域特征	东部地区	201
		中部地区	145
		西部地区	155

续表

调查对象特征			个数/人
现阶段工作特征	工作单位性质	高等院校	46
		科研院所	136
		国有企业	128
		民营企业	73
		其他	17

每个风险以选“是”的问卷数除以有效问卷总数得出风险识别率。本书以5%的风险识别率为阈值，针对同一风险不停问卷的结果，当风险识别率低于阈值时，该风险因素舍弃，高于阈值时保留。

5.2 科技型人才区域聚集不均衡的科技风险因素识别

本节依据表5-2整理的相关文献，对涉及科技型人才区域聚集不均衡的科技风险因素进行进一步分类总结，使用Nvivo11对以上文献进行质性分析。首先对科技型人才区域聚集不均衡的科技风险因素进行识别，并以文献数为统计单位对风险因素描述的词频覆盖率进行统计，结果见表5-6。

表5-6 关于文献检索中的风险因素词频统计

可能存在的风险因素（观点的关键词）	文献覆盖率/%
R&D经费投入强度差异	62.87
发明专利授权数差异	61.12
科研项目数量差异	54.15
国家科研政策倾斜差异	50.20
国家重点实验室数量差异	49.6
高新技术企业孵化率差异	47.11
科研成果难以转化差异	45.4
科技型人才单向流动	39.6
技术市场成交额差异	37.08
R&D人才数量差异	26.67
科研课题数目差异	28.3
科研人员数量差异	22.1
学术资源差异	17.1
R&D人才占从业人员比重差异	16.53
创新动力差异	7.2
创新团队建设困难差异	4.4
科研领军人物数量差异	3.6

注 覆盖率小于1%的风险代表作为非主流观点做淘汰处理。

将表 5-6 中描述的科技风险因素的 17 个关键词整理成半结构化访谈的科技风险因素要点进行半结构化访谈，最终得到科技型人才区域聚集不均衡的科技风险因素，将两次编码后的文本设定为查询目标，分析科技风险因素与编码的文本两两节点的关系，经过查询分析后发现科技型人才区域聚集不均衡的风险与样本之间呈现强关联性，见表 5-7。

表 5-7　样本与科技风险的分布关系

风险列表	1（max=6）	2（max=40）
R&D经费投入强度差异	4	40
高新技术企业孵化率差异	1	40
科研项目数量差异	6	24
国家科研政策倾斜差异	5	26
国家重点实验室数量差异	6	38
发明专利授权数差异	2	15
技术市场成交额差异	2	24
科研人员数量差异	4	30
R&D人才数量差异	5	16
科研课题数目差异	5	29
学术资源差异	6	19
R&D人才占从业人员比重差异	5	10
创新动力差异	4	12
创新团队建设困难差异	1	27
科研领军人物数量差异	3	12

按照步骤三进行科技因素的检查，通过对调查表 5-5 的相关人员的调查研究，问卷的信度、效度均较好，计算得出所有这些风险因素的识别率见表 5-8。

表 5-8　问卷统计的科技风险因素识别率

风险因素	风险识别率	风险因素	风险识别率
R&D经费投入强度差异	0.67	科研人员数量差异	0.35
发明专利授权数差异	0.64	科研课题数目差异	0.48
高新技术企业孵化率差异	0.68	学术资源差异	0.41
技术市场成交额差异	0.77	创新动力差异	0.66
R&D人才数量差异	0.63	科研领军人物数量差异	0.53
科研项目数量差异	0.54	R&D人才占从业人员比重差异	0.42
国家科研政策倾斜差异	0.79	创新团队建设困难	0.33
国家重点实验室数量差异	0.25		

5.3 科技型人才区域聚集不均衡的经济风险因素识别

本节依据表 5-2 整理的相关文献，对涉及科技型人才区域聚集不均衡的经济风险因素进行进一步分类总结，使用 Nvivo11 对以上文献进行质性分析。首先对科技型人才聚集不均衡的经济风险因素进行识别，并以文献数为统计单位对风险因素描述的词频覆盖率进行统计，结果见表 5-9。

表 5-9　关于文献检索中的风险因素词频统计

可能存在的风险因素（观点的关键词）	文献覆盖率/%	可能存在的风险因素（观点的关键词）	文献覆盖率/%
各省人均 GDP 差异	72.87	工资收入水平差异	35.32
财政收入差距	62.12	区域经济发展水平差异	35.21
区域人均 GDP 差异	61.65	区域边际收益差异	24.79
薪酬福利水平差异	59.60	经济增长潜力差异	14.32
薪酬收入差异	57.10	高新技术产品产值占总产值比重差异	13.88
薪酬福利待遇差异	57.08	经济结构差异	7.87
人均地方财政收入差异	56.67	科技产业经济贡献度差异	7.08
GDP 增长率差异	46.53	科技产业占总产值比重差异	6.54
各省份第三产业占本省份 GDP 比重差异	46.49	高新技术产业经济贡献度差异	6.43
各省份第二产业占 GDP 比重差异	46.06	绝对收益差异	1.12
经济发展水平差异	36.01		

注　覆盖率小于 1%的风险代表作为非主流观点做淘汰处理。

将表中描述的经济风险因素的 21 个关键词整理成半结构访谈表，如附录 A 所示。按照步骤二的第三步得出样本与科技型人才区域聚集不均衡的经济因素之间的分布关系表（见表 5-10）。

表 5-10　样本与经济风险的分布关系

风险列表	1（max=6）	2（max=42）
各省人均 GDP 差异	2	27
财政收入差距	1	21
区域人均 GDP 差异	0	26
薪酬收入差异	1	30
人均地方财政收入差异	1	22
区域经济发展水平差异	1	42
经济增长潜力差异	3	23
各省份第二产业占 GDP 比重差异	2	13
经济发展水平差异	4	26
工资收入水平差异	3	11

续表

风 险 列 表	1（max=6）	2（max=42）
各省第三产业占本省 GDP 比重差异	2	36
科技产业占总产值比重差异	2	31
经济结构差异	1	11
高新技术产业经济贡献度差异	2	29
GDP 增长率差异	2	39
科技产业经济贡献度差异	5	34
区域边际收益差异	2	30
高新技术产品产值占总产值比重差异	5	25
绝对收益差异	0	11

通过半结构化访谈可知，各风险因素在调查文本均出现，出现频率不同，证明这些风险因素与科技型人才区域聚集不均衡的风险具有关联性。

通过步骤三，得到最终的科技型人才区域聚集不均衡的经济风险因素的风险识别率，见表 5－11。

表 5－11　　问卷统计的经济风险因素识别率

风 险 列 表	风险识别率	风 险 列 表	风险识别率
薪酬收入差异	0.93	区域经济发展水平差异	0.92
各省第三产业占本省 GDP 比重差异	0.88	经济增长潜力差异	0.54
财政收入差距差异	0.61	经济结构差异	0.95
人均地方财政收入差异	0.57	高新技术产业经济贡献度差异	0.91
各省人均 GDP 差异	0.86	科技产业占总产值比重差异	0.7
GDP 增长率差异	0.63	科技产业经济贡献度差异	0.63
各省份第二产业占 GDP 比重差异	0.74	区域边际收益差异	0.85
经济发展水平差异	0.58	高新技术产品产值占总产值比重差异	0.64

5.4　科技型人才区域聚集不均衡的社会风险因素识别

本节依据表 5－2 整理的相关文献，对涉及科技型人才区域聚集不均衡的社会风险因素进行进一步分类总结，使用 Nvivo11 对以上文献进行质性分析。首先对科技型人才区域聚集不均衡的社会风险因素识别，并以文献数为统计单位对风险因素描述的词频的覆盖率进行统计，结果见表 5－12。

表 5－12　　关于文献检索中的社会风险因素词频统计

可能存在的风险因素（观点的关键词）	文献覆盖率/%
医疗水平差异	12.87
普通高等学校数量差异	12.12

续表

可能存在的风险因素（观点的关键词）	文献覆盖率/%
高等教育学生数量差异	9.6
人均居住面积差异	7.1
医疗机构床位数量差异	7.08
社会保障程度差异	6.67
人际关系复杂度差异	6.53
普通高校本科毕业生占总人口比重差异	6.49
社保覆盖率差异	6.06
户籍制度便利性差异	6.01
城镇职工基本医疗保险差异	5.32
年末在职参加养老保险人数占人口比重差异	5.21
教育发展水平差异	4.79
就业程度差异	4.32
失业率差异	3.88
省会城市空气质量二级以上天数差异	3.08
普通高等学校本科在校学生占总人口比重差异	2.54
人均绿地面积差异	2.43
户籍档案流动便利度差异	1.87
万人拥有医疗机构数量差异	1.67
每万人拥有的图书量差异	1.56
普通高校正高级专职教师数与本科在校生师生比差异	1.55
房价水平差异	1.28
理科生数量差异	1.17
人口老龄化程度差异	1.12
人口结构差异	1.08
工业固体废物综合利用率差异	1.07
人口增长率差异	1.04
文化环境差异	1.02

注 覆盖率小于 1%的风险代表作为非主流观点做淘汰处理。

将表 5－12 中描述的社会风险因素的 33 个关键词整理成半结构化访谈的社会风险因素要点进行半结构化访谈，最终得到科技型人才区域聚集不均衡的社会风险因素，将两次编码后的文本设定为查询目标，分析社会风险因素与编码的文本两两节点的关系，经过查询分析后发现科技型人才区域聚集不均衡的社会风险与样本之间呈现强关联性，见表 5－13。

表 5－13　　样本与社会风险的分布关系

风险因素列表	1 (max=6)	2 (max=42)
医疗水平差异	2	33
普通高等学校数量差异	4	29
理科毕业生占普通高校毕业生比重差异	4	42
城镇职工基本医疗保险差异	3	18

续表

风险因素列表	1（max=6）	2（max=42）
户籍制度便利性差异	5	36
社会保障程度差异	3	25
医疗机构床位数量差异	4	24
人际关系差异	1	15
社保覆盖率差异	1	10
高等教育学生数量差异	4	39
人均居住面积差异	2	29
年末在职参加养老保险人数占人口比重差异	6	29
万人医疗机构数量差异	1	29
人均绿地面积差异	3	20
失业率差异	5	30
户籍档案流动便利度差异	3	40
教育发展水平差异	3	34
就业程度差异	1	29
省会城市空气质量二级以上天数差异	5	37
普通高等学校本科在校学生占总人口比重差异	1	40
理科生数量差异	6	28
工业固体废物综合利用率差异	4	31
房价水平差异	3	32
人口增长率差异	3	32
每万人拥有的图书量差异	4	33
普通高校正高级专职教师数与本科在校生师生比差异	5	32
人口老龄化差异	2	33

按照步骤三，通过附录B的问卷进行社会因素的调查，调查问卷的信度效度均较好，因此通过对问卷分析，可得出这些科技人才区域聚集不均衡的社会风险的识别率见表5-14。

表5-14　　问卷统计的社会风险因素识别率

风险因素	风险识别率	风险因素	风险识别率
医疗水平差异	0.33	教育发展水平差异	0.23
普通高等学校数量差异	0.41	就业程度差异	0.58
社保覆盖率差异	0.54	人口增长率差异	0.41
理科毕业生占普通高校毕业生比重差异	0.59	工业固体废物综合利用率差异	0.66
社会保障程度差异	0.62	每万人拥有的图书量差异	0.64
医疗机构床位数量差异	0.66	房价水平差异	0.33
高等教育学生数量差异	0.69	失业率差异	0.26
人均居住面积差异	0.66	人均绿地面积差异	0.85
城镇职工基本医疗保险差异	0.26	人口老龄化差异	0.54
年末在职参加养老保险人数占人口比重差异	0.71		

5.5 本章小结

本章采用定量和定性方法相结合，对科技型人才区域聚集不均衡的科技风险、经济风险、社会风险进行了识别。通过文献分析、半结构化访谈、问卷调查、影响分析逐层进行了研究，具体包括三个步骤：首先，通过文献分析法从科技、经济、社会 3 个维度对风险因素关键词进行分类，形成“风险因素池”；其次，通过半结构化访谈对风险进行初步识别，将大量散乱的风险因素进行归纳总结，形成科技型人才区域聚集不均衡的风险因素集；最后，通过检查表法对风险因素进行最终的识别，从科技、经济、社会三个维度最终确定了科技型人才区域聚集不均衡的风险因素。最终，本书针对科技风险、经济风险、社会风险 3 方面，得出 15 个科技风险因素、16 个经济风险因素和 19 个社会风险因素。

第6章

科技型人才区域聚集不均衡的风险评估指标体系构建

风险评估指标体系的构建是风险评估的重要环节，正确、高效的筛选指标是风险评估中不容忽视的步骤，全面、客观的风险评估指标体系是客观评估风险的重要保障。粗糙集方法针对不完整、不精确、不确定的信息，可以依靠其特有的知识发掘和数据发现功能，较好地处理相关信息，具有较强的可操作性，在指标筛选领域得到了广泛的应用。

6.1 指标的初步筛选

科技型人才区域聚集不均衡的风险评估指标体系的构建步骤如下：首先，指标框架的建立；其次，指标体系的初筛；最后，指标体系的优选，具体操作流程如图6-1所示。准确合理的风险评估需要科学合理的评估指标，在构建指标体系时，往往考虑到指标的全面性，会尽可能多地选取指标内容，这样会导致指标过多，不仅指标重复，而且不利于量化计算。因此，指标优化过程就是将重复的、冗余的指标进行删减。

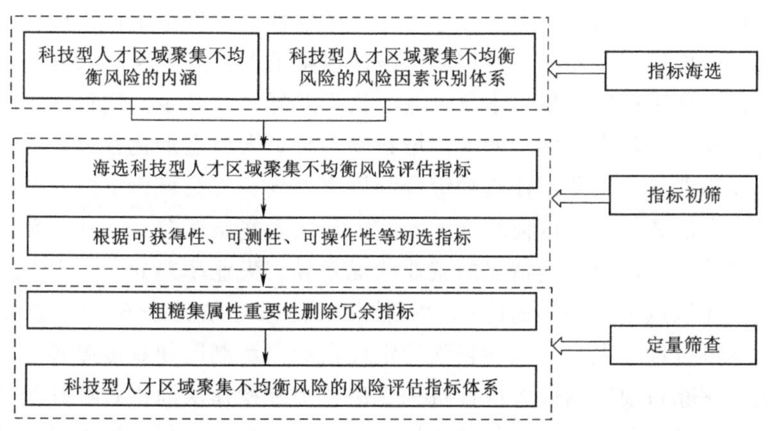

图6-1 科技型人才区域聚集不均衡的风险指标体系筛选流程

6.1.1 评价指标的选取原则

科技型人才区域聚集不均衡的风险涉及因素众多，因此对科技型人才区域聚集不均衡的风险进行合理评估的关键在于一套能从总体上反应评价对象本质的指标体系。结合科技型人才区域聚集不均衡的风险定义，在科技型人才区域聚集不均衡的风险建立指标体系的过程中遵循科学性原则、系统性原则、可操作性原则、时效性原则。考虑到定性指标的模糊性，本书的研究尽可能选择可定量化的指标，使得指标具有较强的可操作性和可靠性，从而保证了风险评估的合理性。

6.1.2 评估指标体系的确定

指标筛选的常用方法一般有文献法、专家打分法、问卷调查法等，这些常用方法均可以达到对指标的筛选。虽然文献法较为客观且指标较为全面，但是针对现在没有的参考文献或者数据的获取性等方面考虑不全面；专家打分法是人为设置指标的重要程度，会增加指标体系建立的主观性；问卷调查法是通过对利益相关方的调查了解寻找相关指标。因此，这些方法一般均在指标的初选阶段，本书的风险识别过程运用了文献分析法、半结构化访谈和问卷调查法，识别出的风险因素可以作为指标体系优选的基础。

本书依据风险识别以及指标体系建立原则，建立科技型人才区域聚集不均衡的风险二级评价指标体系：一级指标，依照第5章的风险因素的识别，本书选取科技风险、经济风险、社会风险作为科技型人才区域聚集不均衡的风险评估的一级指标[10,50]；二级指标选取能反应一级指标特征的具体的、有代表性且能量化的差异性指标。具体的区域科技发展指标有反应科技投入的R&D经费投入强度差异、国家科研政策倾斜差异、国家重点实验室数量差异，科技产出水平发明专利授权数差异、高新技术企业孵化率差异、科研项目数量差异、技术市场成交额差异、科研课题数量差异，科技人力资源的R&D人才数量差异、科研领军人物数量差异、R&D人才占从业人员比重差异[10,18,39,50-51]。区域经济发展差异指标有：反映地区经济发展总体情况指标，如各省份人均GDP差异、各省份财政收入差异；反映地区经济发展活力的GDP增长率差异、经济增长潜力差异、各省份边际收益差异；反映地区经济结构的第三产业占GDP比重差异、第二产业占GDP比重差异、高新技术产业占GDP比重差异；反映高新技术产业发展情况的高新技术产业经济贡献率差异；反映经济福利措施的福利待遇差异[18,46,50]。区域社会发展稳定性指标有：反映医疗情况的每万人卫生机构床位数差异、城镇职工医疗保险情况差异；反映教育环境的高等教育在校生数量差异、理工科毕业生占本科毕业生比重差异；反映生活质量的人均住宅面积差异、平均房价差异；反映人口结构的人口增长率差异、人口老龄化程度差异；反映宜居程度的人均绿地面积差异、工业固体废物综合利用率差异、省会城市空气质量二级以上天数差异；反映民生生活的户籍制度便利度差异、人际关系复杂度差异、社保覆盖率差异、每万人拥有图数量差异；反映就业情况的就业状况差异、失业率差异[18,39,46,50]。

对科技型人才区域聚集不均衡的风险评估指标体系总结见表6-1。首先，为了保证实证数据获取的可行性，剔除主观性较强的定性指标户籍制度便利度差异、人际关系复杂度差异。其次，剔除目前国内较大统计机构无法在实际操作层面进行统计的经济增长潜力差异、福利待遇差异、各省份边际收益差异、国家科研政策倾斜程度差异、社保覆盖率差异、就业状况差异6个指标。最后，剔除指标变化较小的指标为科研领军人物数量差异、国家重点实验室数量差异，例如科研领军人物例如特聘教授聘期一般为5年，变化较小，像新疆2016—2019年国家重点实验室数量没有变化。综上所述，经过指标初筛，最终留下来的指标共计28个。所有差异指标数值按照各指标与全年31个省（自治区、直辖市）

的平均值之差获得。其中正向指标（效益型指标）代表差异越大，与全国平均水平差距越大，科技型人才聚集度增加，科技型人才区域聚集不均衡的程度加深，风险就越大；负向指标（成本型指标）代表差异越大，科技型人才聚集度降低，科技型人才区域聚集不均衡的程度减弱，风险就越小。

表 6-1　　科技型人才区域聚集不均衡的风险评估指标设置及初筛结果

一级指标	二级指标	正负向	指标筛选
科技风险	R&D经费投入强度差异	正	保留
	发明专利授权数差异	正	保留
	科研项目数量差异	正	保留
	国家科研政策倾斜程度差异	正	剔除
	国家重点实验室数量差异	正	剔除
	高新技术企业孵化率差异	正	保留
	技术市场成交额差异	正	保留
	R&D人才数量差异	正	保留
	科研领军人物数量差异	正	剔除
	科研课题数量差异	正	保留
	R&D人才占从业人员比重差异	正	保留
经济风险	各省份人均GDP差异	正	保留
	各省份财政收入差异	正	保留
	各省份人均可支配收入差异	正	保留
	第三产业占GDP比重差异	正	保留
	第二产业占GDP比重差异	负	保留
	GDP增长率差异	正	保留
	福利待遇差异	正	剔除
	各省份边际收益差异	正	剔除
	经济增长潜力差异	正	剔除
	高新技术产业产值占GDP比重差异	正	保留
	高新技术产业经济贡献率差异	正	保留
社会风险	每万人卫生机构床位数差异	正	保留
	高等教育在校生数量差异	正	保留
	人均住宅面积差异	正	保留
	理工科毕业生占本科毕业生比重差异	正	保留
	城镇职工基本医疗保险数量差异	正	保留
	户籍制度便利度差异	正	剔除
	人际关系复杂度差异	负	剔除
	社保覆盖率差异	正	剔除
	就业状况差异	正	剔除

续表

一级指标	二级指标	正负向	指标筛选
社会风险	失业率差异	负	保留
	平均房价差异	负	保留
	人均绿地面积差异	正	保留
	省会城市空气质量二级以上天数差异	正	保留
	每万人拥有图数量差异	正	保留
	人口增长率差异	正	保留
	人口老龄化程度差异	负	保留
	工业固体废物综合利用率差异	正	保留

6.2 基于粗糙集属性约简优选指标

6.2.1 基于粗糙集的属性约简

1. 基本理论

依据本书在 1.3.2 介绍的粗糙集的属性约简原理，通过数据本身的性质，从大量的指标中提取相关指标和冗余指标，对大量指标进行筛选，从中获得指标体系的核心指标，从而约简指标体系。

2. 约简步骤

(1) 步骤一：确定属性集。根据出现指标确定属性集，建立信息表。二级指标 C 为条件属性集，一级指标 D 为决策属性集。

(2) 步骤二：数据收集和数据预处理。本书通过《中国统计年鉴》《中国科技统计年鉴》《中国教育统计年鉴》、各省份统计年鉴收集数据，对数据进行标准化处理。记第 i 个省份对应的第 j 个指标的原始数据为 n_{ij} ($i=1, 2, \cdots, 31$；$j=1, 2, \cdots$)，标准化后的数据值为 m_{ij} ($i=1, 2, \cdots, 31$；$j=1, 2, \cdots$)。对于正向指标，指标数据越大，说明科技型人才聚集度越高，正向指标的标准化公式为

$$m_{ij}=\frac{n_{ij}-\min\limits_{1\leqslant i\leqslant n}(n_{ij})}{\max\limits_{1\leqslant i\leqslant n}(n_{ij})-\min\limits_{1\leqslant i\leqslant n}(n_{ij})} \tag{6-1}$$

对于负向指标，指标数据越小，说明人才聚集水平越高，负向指标的标准化公式为

$$m_{ij}=\frac{\max\limits_{1\leqslant i\leqslant n}(n_{ij})-n_{ij}}{\max\limits_{1\leqslant i\leqslant n}(n_{ij})-\min\limits_{1\leqslant i\leqslant n}(n_{ij})} \tag{6-2}$$

式中：$m_{ij}\in[0, 1]$。

(3) 步骤三：构建属性约简决策表。属性约简决策表是个指标与论域的一个关系数据表，其中的每一个数据均代表一个样本，每一列为一个属性特征，最后一列为决策属性。

(4) 步骤四：属性约简。本书按照常用的约简算法，依据粗糙集理论属性约简原理，首先计算出条件属性相对于决策属性 D 的正域 $pos_C(D)$，对约简决策表中的所有条件属

性均计算器对应的正域，直至条件属性的集合不再变动；然后，删除某一属性 C_i，使得 $pos_{(C-\{c_1\})}(D) \neq pos_C(D)$，这时说明属性 C_i 是必要的，反之则说明属性 C_i 是不必要的，即从决策表中删除。

（5）步骤五：得到评估指标体系。不断重复步骤四，消除不必要的指标，得到属性的约简结果。

6.2.2 科技型人才区域聚集不均衡的科技风险指标筛选

1. 确定属性集

依据表 6-1，建立科技型人才区域聚集不均衡的科技风险指标信息表（见表 6-2）。

表 6-2　　　科技型人才区域聚集不均衡的科技风险指标信息

指标名称	序号	指标名称	序号
各省份人均 GDP 差异	C_1	技术市场成交额差异	C_5
各省份财政收入差异	C_2	R&D 人才数量差异	C_6
各省份人均可支配收入差异	C_3	科研课题数量差异	C_7
第三产业占 GDP 比重差异	C_4	R&D 人才占从业人员比重差异	C_8
科技风险	d		

2. 数据收集与预处理

本书选取 2019 年我国 31 个省（自治区、直辖市）的科技型人才区域聚集不均衡的科技风险指标数据，原始数据来源于 2019 年《中国统计年鉴》《中国科技统计年鉴》《中国教育统计年鉴》，根据表 6-2 的保留指标，通过式（6-1）和式（6-2），得到标准化处理后的值见表 6-3。

表 6-3　　　科技型人才区域聚集不均衡的科技风险指标数据预处理

指标	A_{11}	A_{12}	A_{13}	A_{14}	A_{15}	A_{16}	A_{17}	A_{18}
x_1	0.452	0.717	0.215	0.386	0.664	0.817	0.936	0.517
x_2	0.593	0.102	0.560	0	0.278	0.963	0.061	0.060
x_3	0.873	0.386	0.471	0.814	0.678	0.265	0.587	0.435
x_4	0.864	0.769	0.490	0.806	0.333	0.708	0.939	0.878
x_5	0.245	0.943	0.622	0.856	0.046	0.458	0.108	0.511
x_6	0.707	1.000	0.750	0.995	1.000	0.269	0.765	0.024
x_7	0.691	0.509	0.127	0.254	0.317	0.538	0.882	0.429
x_8	0.942	0.858	0.382	0.898	0.350	0.596	0.577	0.659
x_9	0.010	0.063	0.962	0.601	0.202	0.963	0.956	0.796
x_{10}	0.120	0.595	0.141	0.683	0.445	0.088	0.738	0.919
x_{11}	0.057	0.356	0.533	0.287	0.178	0.850	0.838	0.972
x_{12}	0.452	0.717	0.215	0.386	0.664	0.817	0.936	0.517
x_{13}	0.593	0.102	0.560	0	0.278	0.963	0.061	0.060
x_{14}	0.873	0.386	0.471	0.814	0.678	0.265	0.587	0.435

续表

指标	A_{11}	A_{12}	A_{13}	A_{14}	A_{15}	A_{16}	A_{17}	A_{18}
x_{15}	0.864	0.769	0.490	0.806	0.333	0.708	0.939	0.878
x_{16}	0.559	0.065	0.684	0.255	0.619	0.208	0.632	0.233
x_{17}	0.462	0.381	0.697	0.238	0.243	0.081	0.439	0.291
x_{18}	0.912	0.960	0.217	0.589	0.129	0.379	0.426	0.244
x_{19}	0.953	0.565	0.066	0.833	0.096	1.000	0.506	0.568
x_{20}	0.874	0.476	0.773	0.857	0.397	0.036	0.438	0.533
x_{21}	0.845	0.387	0.412	0.431	1.000	0.296	0.682	0.916
x_{22}	0.625	0.230	0.660	0.834	0.707	0.438	0.769	0.451
x_{23}	0.474	0.278	0.502	0.769	0.641	0.974	0.493	0.857
x_{24}	0.314	0.683	0.303	0.243	0.600	0.796	0.461	0.893
x_{25}	0.792	0.574	0.503	0.769	0.972	0.919	0.924	0.922
x_{26}	0.000	0.286	0.891	0.381	0.415	0	0.785	0.000
x_{27}	0.828	0.450	0.449	0.009	0.276	0.799	0.818	0.087
x_{28}	0.683	0.348	0.410	0.714	0.112	0.480	0.325	0.682
x_{29}	0.150	0	0.000	0.153	0.112	0.332	0.250	0.295
x_{30}	0.011	0.753	0.095	0.817	0.719	0.917	0	0.402
x_{31}	0.583	0.976	0.593	0.840	0	0.696	0.421	0.252

3. 构建属性约简决策表

通过对原始数据的标准化处理，在此基础上，将各二级指标的指标作为条件属性，以科技风险为决策属性，每一个准则层分别形成一个独立的决策表，通过 Rosette 软件运用约简原理得到科技发展准则层的决策表见表 6-4。

表 6-4　粗糙集转化的科技风险因子决策

指标	C_1	C_2	C_3	C_4	C_5	C_6	C_7	C_8	d
x_1	2	1	0	1	2	1	0	1	1
x_2	1	2	0	2	2	1	1	2	1
x_3	0	2	0	0	1	1	2	0	0
x_4	1	2	1	1	2	1	2	0	0
x_5	0	0	1	0	1	1	0	1	2
x_6	2	0	0	2	0	2	2	2	2
x_7	0	1	1	0	0	2	1	1	2
x_8	1	0	2	2	2	1	1	1	0
x_9	0	2	1	1	0	1	1	1	1
x_{10}	2	2	0	2	1	1	0	0	1
x_{11}	2	1	1	1	2	1	2	2	2

续表

指标	C_1	C_2	C_3	C_4	C_5	C_6	C_7	C_8	d
x_{12}	1	0	1	1	2	1	1	2	1
x_{13}	2	2	2	1	0	2	1	1	1
x_{14}	1	2	2	2	1	2	0	2	2
x_{15}	1	0	0	1	2	2	2	1	0
x_{16}	1	1	2	1	2	1	0	1	0
x_{17}	2	0	1	2	0	0	0	2	2
x_{18}	0	0	0	1	1	0	1	2	2
x_{19}	0	2	2	1	2	2	2	1	2
x_{20}	2	2	1	0	0	2	0	1	1
x_{21}	1	1	2	2	1	0	0	2	0
x_{22}	0	1	2	1	2	2	1	2	1
x_{23}	1	2	2	2	0	2	2	0	0
x_{24}	0	2	2	0	2	1	1	0	1
x_{25}	1	1	1	2	1	2	1	1	2
x_{26}	0	1	0	1	2	0	1	1	2
x_{27}	1	1	2	2	1	1	1	0	0
x_{28}	0	1	2	0	2	2	2	0	1
x_{29}	1	2	2	2	2	0	0	0	2
x_{30}	0	2	2	2	0	0	2	1	2
x_{31}	0	0	2	1	2	0	0	1	1

4. 属性约简及评估指标的确定

删除准则层内对评价对象没有显著影响的指标，以科技风险准则层为例，详述该准则层指标的筛选过程，其他两个准则层的求解方法同理。

其中，$x_1 \sim x_{31}$ 分别代表北京、天津等 31 个省（自治区、直辖市），$C_1 \sim C_8$ 分别代表 R&D 经费投入强度差异等指标。D 代表各省份的科技风险水平。令 $C=\{C_1, C_2, \cdots, C_8\}$ 为条件属性集，$D=\{d\}$ 为决策属性集，计算过程如下，首先确定条件属性 C 的等价类为

$$IND(C)=\{\{x_1\},\{x_2\},\{x_{10},x_{11}\},\{x_9\},\{x_{15}\},\{x_{16}\},\{x_{19}\},\{x_{31}\}\\ \{x_3,x_4,x_5,x_6,x_7,x_8,x_{12},x_{13},x_{14},x_{18},x_{22},x_{24},x_{25},x_{27},x_{30}\},\\ \{x_{17},x_{20},x_{21},x_{26},x_{28},x_{29}\}\}$$

决策属性 D 的等价类为

$$IND(D)=\{\{x_1,x_3,x_9,x_{10},x_{11},x_{15},x_{16},x_{17},x_{18},x_{19},x_{23}\},\\ \{x_2,x_4,x_5,x_6,x_7,x_8,x_{12},x_{13},x_{14},x_{20},x_{21},x_{22},x_{24},x_{25},x_{26},\\ x_{27},x_{28},x_{29},x_{30},x_{31}\}\}$$

D 的 C 正域：

$$pos_C(D)=\{x_1,x_2,x_9,x_{10},x_{11},x_{15},x_{16},x_{19},x_{31}\}$$

D 的 $C-\{C_1\}$ 正域：

$$pos_{(C-\{c_1\})}(D)=\{x_1,x_2,x_9,x_{11},x_{15},x_{16},x_{31}\}\neq pos_C(D)$$

因此 C_1 是 C 中必要的，保留。同理可得：

$$pos_{(C-\{c_7\})}(D)=\{x_1,x_2,x_9,x_{11},x_{15},x_{16},x_{19},x_{31}\}=pos_C(D)$$

因此 C_7 是 C 中不必要的，删除。

依此类推，可以得到 C_1、C_2、C_3、C_4、C_5、C_6、C_8 是 C 中 D 必留的，其余约简删除。

综上所述，得到科技型人才区域聚集不均衡的科技风险评估指标见表 6－5。

表 6－5　　科技型人才区域聚集不均衡的科技风险评估指标体系

一级指标	二级指标	一级指标	二级指标
科技风险	R&D经费投入强度差异	科技风险	技术市场成交额差异
	发明专利授权数差异		R&D人才数量差异
	科研项目数量差异		R&D人才占从业人员比重差异
	高新技术企业孵化率差异		

6.2.3 科技型人才区域聚集不均衡的经济风险指标筛选

1. 确定属性集

依据表 6－1，建立科技型人才区域聚集不均衡的经济风险指标信息表（见表 6－6）。

表 6－6　　科技型人才区域聚集不均衡的经济风险指标信息

指 标 名 称	序号	指 标 名 称	序号
R&D经费投入强度差异	C_1	第二产业占 GDP 比重差异	C_5
发明专利授权数差异	C_2	GDP 增长率差异	C_6
科研项目数量差异	C_3	高新技术产业产值占 GDP 比重差异	C_7
高新技术企业孵化率差异	C_4	高新技术产业经济贡献率差异	C_8
经济风险	d		

2. 数据收集与预处理

依据 6.2.2 的数据选取原则，本书依据我国 2019 年 31 个省（自治区、直辖市）的科技型人才区域聚集不均衡的经济风险指标数据，根据表 6－6 的保留指标，通过式（6－1）和式（6－2），得到标准化处理后的值见表 6－7。

表 6－7　　科技型人才区域聚集不均衡的经济风险指标数据预处理

指标	A_{21}	A_{22}	A_{23}	A_{24}	A_{25}	A_{26}	A_{27}	A_{28}
x_1	0.555	0.227	0.459	0.758	0.441	0.359	0.332	0.365
x_2	0.633	0.407	0.598	0.757	0.538	0.321	0.298	0.342
x_3	0.657	0.302	0.575	0.881	0.780	0	0.349	0.369
x_4	0.313	0.343	0.593	0.964	0.245	0.925	0.293	0.305

续表

指标	A_{21}	A_{22}	A_{23}	A_{24}	A_{25}	A_{26}	A_{27}	A_{28}
x_5	0.970	0.890	0.611	0.870	0.870	0.103	0.608	0.594
x_6	0.786	0.536	0.506	0.477	0.772	0.144	0.430	1.000
x_7	0.887	0.672	0.482	0.870	0.776	0.744	0.464	0.475
x_8	0.909	0.174	0.439	0.861	0.671	0.892	0.354	0.350
x_9	0.656	0.494	0.395	0.539	0.624	0.622	0.390	0.392
x_{10}	0.898	0.172	0.351	0.877	0.885	0.766	0.342	0.360
x_{11}	0.606	0.725	0.308	0.638	1.000	0.719	0.411	0.423
x_{12}	0.555	0.227	0.459	0.758	0.441	0.359	0.332	0.365
x_{13}	0.633	0.407	0.598	0.757	0.538	0.321	0.298	0.342
x_{14}	0.657	0.302	0.575	0.881	0.780	0	0.349	0.369
x_{15}	0.313	0.343	0.593	0.964	0.245	0.925	0.293	0.305
x_{16}	0.834	0.669	0.742	0.853	0.762	0.896	0.329	0.354
x_{17}	0.816	0.232	0.620	0.846	0.705	0.836	0.339	0.334
x_{21}	0.872	0.285	0.996	0.872	0.587	0.928	0.263	0.320
x_{18}	0.851	0.253	0.856	0.819	0.719	0.885	0.374	0.379
x_{19}	0.641	0.737	0.796	1.000	0.714	0	1.000	0.479
x_{20}	0.432	0.265	0.995	0.792	0.65	0.921	0.340	0.349
x_{22}	0.826	0	0.702	0.767	0.928	0.868	0.526	0.504
x_{23}	0.786	0.274	0.926	0.878	0.750	0.739	0.340	0.350
x_{24}	0	0.167	0	0.593	0.644	0.882	0.282	0.328
x_{25}	0.550	0.222	0.954	0.611	0.594	1.000	0.314	0.317
x_{26}	0.528	0.478	1.000	0	0.314	0.988	0	0.292
x_{27}	0.506	0.188	0.935	0.482	0.289	0.821	0.342	0.341
x_{28}	0.484	0	0.994	0.439	0.483	0.969	0.311	0.319
x_{29}	0.463	0.181	0.998	0.395	0.354	0.975	0.285	0.311
x_{30}	0.441	0.131	0.983	0.351	0.710	0.970	0.314	0.323
x_{31}	0.419	0.328	0.291	0.308	0	1.000	0.253	0

3. 构建属性约简决策表

在原始数据标准化处理的基础上，以经济风险为决策属性，每一个二级指标作为条件属性，分别形成一个独立的决策表，通过 Rosette 软件运用约简原理得到经济发展准则层的决策表见表 6－8。

4. 属性约简及评估指标的确定

$x_1 \sim x_{31}$ 分别代表北京、天津等 31 个省（自治区、直辖市），$C_1 \sim C_8$ 分别代表各省人均 GDP 差异等指标。D 代表各省份的经济发展水平。令 $C=\{C_1, C_2, \cdots, C_8\}$ 为条件属性集，$D=\{d\}$ 为决策属性集，计算过程如下，首先确定条件属性 C 的等价类为

表 6-8　　　　粗糙集转化的经济风险因子决策

指标	C_1	C_2	C_3	C_4	C_5	C_6	C_7	C_8	d
x_1	2	2	2	0	0	0	1	1	0
x_2	0	0	2	0	0	0	1	0	0
x_3	0	2	1	0	0	0	1	2	2
x_4	1	2	0	0	2	2	1	2	0
x_5	0	2	2	2	0	0	2	1	0
x_6	2	0	1	2	0	0	2	1	2
x_7	0	0	0	0	0	0	0	0	0
x_8	2	2	0	1	0	0	1	0	1
x_9	0	0	0	0	2	2	1	1	1
x_{10}	0	2	1	0	0	0	2	0	1
x_{11}	2	0	1	1	1	1	2	0	1
x_{12}	2	2	1	2	2	0	2	0	0
x_{13}	1	0	1	1	1	0	2	2	2
x_{14}	0	0	0	2	2	2	1	1	2
x_{15}	0	0	2	0	0	0	0	0	2
x_{16}	1	0	0	2	1	1	1	0	1
x_{17}	1	2	2	2	2	2	0	0	0
x_{18}	0	2	0	2	0	0	0	0	0
x_{19}	1	0	2	2	2	0	1	2	1
x_{20}	0	0	2	0	2	0	0	0	2
x_{21}	2	0	0	0	2	0	0	1	1
x_{22}	2	2	2	1	0	0	0	2	2
x_{23}	0	2	0	2	2	2	0	0	0
x_{24}	2	0	0	0	0	0	2	2	1
x_{25}	0	2	1	2	0	0	2	2	0
x_{26}	2	0	1	0	2	2	2	0	0
x_{27}	1	2	2	0	0	0	2	0	0
x_{28}	2	0	1	0	0	0	1	1	0
x_{29}	2	0	1	0	2	0	2	0	2
x_{30}	2	0	2	0	0	0	1	0	0
x_{31}	2	0	0	0	2	0	2	2	1

$$IND(C)=\{\{x_1\},\{x_2\},\{x_{10},x_{11}\},\{x_9\},\{x_{15}\},\{x_{16}\},\{x_{19}\},\{x_{31}\}$$
$$\{x_3,x_4,x_5,x_6,x_7,x_8,x_{12},x_{13},x_{14},x_{18},x_{22},x_{24},x_{25},x_{27},x_{30}\},$$
$$\{x_{17},x_{20},x_{21},x_{26},x_{28},x_{29},x_{31}\}\}$$

决策属性 D 的等价类为

$$IND(D)=\{\{x_1,x_3,x_9,x_{10},x_{11},x_{15},x_{16},x_{17},x_{18},x_{19},x_{23}\},\{x_2,x_4,x_5,x_6,x_7,x_8,x_{12},x_{13},x_{14},x_{20},x_{21},x_{22},x_{24},x_{25},x_{26},x_{27},x_{28},x_{29},x_{30},x_{31}\}\}$$

D 的 C 正域：

$$pos_C(D)=\{x_1,x_2,x_9,x_{10},x_{11},x_{15},x_{16},x_{19},x_{24},x_{31}\}$$

D 的 $C-\{C_1\}$ 正域：

$$pos_{(C-\{C_1\})}(D)=\{x_1,x_2,x_9,x_{11},x_{15},x_{16},x_{30}\}\neq pos_C(D)$$

因此 C_1 是 C 中必要的，保留。同理可得，

同理可得，

$$pos_{(C-\{C_2\})}(D)=\{x_1,x_2,x_9,x_{10},x_{11},x_{15},x_{16},x_{19},x_{24},x_{31}\}=pos_C(D)$$

因此 C_2 是 C 中不必要的，删除。

依此类推，可以得到 C_1、C_3、C_6、C_7、C_8 是 C 中 D 必留的，其余约简删除。

综上所述，得到科技型人才区域聚集不均衡的经济风险评估指标见表 6－9。

表 6－9　　科技型人才区域聚集不均衡的经济风险评估指标体系

一级指标	二级指标
经济风险	人均 GDP 差异
	人均可支配收入差异
	GDP 增长率差异
	高新技术产业产值占 GDP 比重差异
	高新技术产业经济贡献率差异

6.2.4 科技型人才区域聚集不均衡的社会风险指标筛选

1. 确定属性集

依据表 6－1，建立科技型人才区域聚集不均衡的社会风险指标信息表（见表 6－10）。

表 6－10　　科技型人才区域聚集不均衡的社会风险指标信息

指标名称	序号	指标名称	序号
每万人卫生机构床位数差异	C_1	人均绿地面积差异	C_8
高等教育在校生数量差异	C_2	省会城市空气质量二级以上天数差异	C_9
人均住宅面积差异	C_3	每万人拥有图数量差异	C_{10}
理工科毕业生占本科毕业生比重差异	C_4	人口增长率差异	C_{11}
城镇职工基本医疗保险数量差异	C_5	人口老龄化程度差异	C_{12}
失业率差异	C_6	工业固体废物综合利用率差异	C_{13}
平均房价差异	C_7	经济风险	d

2. 数据收集与预处理

依据 6.2.2 的数据选取原则，本书依据我国 2019 年 31 个省（市、自治区）的科技型人才区域聚集不均衡的经济风险指标数据，根据表 6－10 的保留指标，通过式（6－1）和式（6－2），得到标准化处理后的值见表 6－11。

表 6 - 11　　　　科技型人才区域聚集不均衡的社会风险指标数据预处理

指标	A_{31}	A_{32}	A_{33}	A_{34}	A_{35}	A_{36}	A_{37}	A_{38}	A_{39}	A_{310}	A_{311}	A_{312}	A_{313}
x_1	0.361	0.392	0.353	0.420	0.445	0.773	0.319	0.242	0.791	0.032	0.294	0.793	0.984
x_2	0.361	0.405	0.388	0.391	0.367	0	0.307	0.243	0.079	0.195	0.119	0.100	0.912
x_3	0.389	0.388	0.330	0.378	0.243	0.698	0.339	0.316	0.220	0.154	0.292	0.811	0.009
x_4	0.300	0.310	0.317	0.367	0.187	0.657	0.008	0.371	0.755	0.075	0	0.675	0.840
x_5	0.548	0.572	0.580	0.541	1.000	0	0.097	0.427	0.229	0.897	0.515	0	0.087
x_6	0.471	0.508	0.541	0.526	0.514	0.464	0.494	1.000	0.228	1.000	0.107	0.692	0.006
x_7	0.464	0.505	0.479	0.441	0.513	0.328	0.081	0.760	0.224	0.256	0.470	0.890	0.008
x_8	0.319	0.307	0.339	0.384	0.091	0.826	0.021	0.139	0.329	0.108	0.702	0.467	0.208
x_9	0.390	0.409	1.000	0	0.344	0.506	0.021	0.461	0.376	0.378	0.090	0.173	0.773
x_{10}	0.336	0.313	0.364	0.376	0.102	0.828	0.014	0.123	0.115	0.234	0.427	0.793	0.902
x_{11}	0.421	0.432	0.381	0.389	0.394	0.275	0.136	0.362	0.149	0.281	0.666	0.787	0.828
x_{12}	0.361	0.392	0.353	0.420	0.445	0.773	0.319	0.242	0.791	0.032	0.294	0.793	0.984
x_{13}	0.361	0.405	0.388	0.391	0.367	0	0.307	0.243	0.079	0.195	0.119	0.100	0.912
x_{14}	0.389	0.388	0.330	0.378	0.243	0.698	0.339	0.316	0.220	0.154	0.292	0.811	0.009
x_{15}	0.300	0.310	0.317	0.367	0.187	0.657	0.008	0.371	0.755	0.075	0	0.675	0.840
x_{16}	0.346	0.355	0.316	0.334	0.166	0.331	0.008	0.147	0.238	0.104	0.594	0.258	0.912
x_{17}	0.351	0.362	0.360	0.393	0.184	0.768	0.050	0.154	0.295	0.164	0.633	0.030	0.545
x_{18}	0.364	0.371	0.368	0.392	0.149	0.747	0.144	0.181	0.281	0.115	0.076	0.587	0.260
x_{19}	0.460	0.516	0	0.570	0.459	0.263	1.000	0.574	0.286	0.450	0.763	0.026	0.134
x_{20}	0.352	0.347	0.346	0.379	0.091	0.735	0.005	0.208	0.350	0.442	0.804	0.636	0.180
x_{21}	0.299	0.291	0.358	0.379	0.128	0.715	0.004	0.128	1.000	0.435	0.430	0.562	1.000
x_{22}	0.499	0.485	0.439	0.424	0.174	1.000	0.298	0.233	0.072	0.429	0.562	0.060	0.289
x_{23}	1.000	0.341	0.350	0.386	0.106	0.726	0.074	0.122	0.250	0.261	0.469	0.614	0.633
x_{24}	0.315	0.308	0.291	1.000	0	0.833	0.027	0	0.356	0.118	0.800	0.911	0.352
x_{25}	0.297	0.283	0.295	0.380	0.050	0.778	0.046	0.154	0.406	0.039	0.433	0.715	0.427
x_{26}	0.279	0.286	0.269	0.336	0.072	0.522	0	0.096	0.905	0.012	1.000	0.743	0.902
x_{27}	0.324	0.327	0.362	0.407	0.169	0.812	0.065	0.134	0.711	0.179	0.29	0.792	0.815
x_{28}	0.293	0.275	0.300	0.322	0.042	0.690	0.006	0	0	0.031	0.955	0.958	0.489
x_{29}	0.292	0	0.332	0.376	0.138	0.819	0.002	0.036	0.646	0.025	0.631	0.270	0.828
x_{30}	0.283	0.288	0.349	0.381	0.162	0.869	1.000	0.116	0.290	0.030	0.056	0.689	0.921
x_{31}	0.289	0.311	0.342	0.352	0.150	0.672	0.291	0.697	1.000	0	0.541	1.000	0.256

3. 构建属性约简决策表

在原始数据标准化处理的基础上，以社会风险为决策属性，每一个二级指标作为条件属性，分别形成一个独立的决策表，通过 Rosette 软件运用约简原理得到社会发展准则层的决策表见表 6 - 12。

表 6-12　　粗糙集转化的社会风险因子决策

指标	C_1	C_2	C_3	C_4	C_5	C_6	C_7	C_8	C_9	C_{10}	C_{11}	C_{12}	C_{13}	d
x_1	1	0	0	1	0	1	2	0	0	2	0	2	1	1
x_2	0	2	2	0	2	1	0	0	2	1	1	0	0	1
x_3	0	0	0	2	1	1	2	1	0	1	2	0	1	0
x_4	0	2	0	1	2	2	0	1	1	2	2	0	0	2
x_5	1	2	1	1	0	1	1	0	2	2	2	2	0	2
x_6	0	0	1	1	2	0	0	2	0	1	1	2	2	0
x_7	2	2	0	2	2	2	2	2	2	0	1	0	0	1
x_8	0	0	2	2	2	2	1	1	0	2	1	1	2	1
x_9	2	2	2	2	0	2	2	2	0	1	2	0	1	1
x_{10}	2	0	2	0	0	0	1	0	2	0	0	0	1	1
x_{11}	1	2	2	2	0	0	0	1	0	2	1	1	0	1
x_{12}	1	0	1	0	0	0	2	2	2	0	2	2	1	0
x_{13}	2	2	2	1	0	2	1	2	0	1	0	1	1	2
x_{14}	2	2	1	1	0	0	2	1	0	0	1	0	2	1
x_{15}	1	0	0	1	2	2	0	2	2	1	1	1	2	0
x_{16}	2	0	1	2	0	0	1	0	0	1	1	0	1	2
x_{17}	1	2	2	1	0	2	1	1	0	1	1	2	0	0
x_{18}	1	0	0	0	2	2	2	2	2	2	0	1	2	2
x_{19}	0	0	0	0	2	1	1	2	0	2	2	1	0	0
x_{20}	2	2	0	1	0	1	0	1	0	1	0	0	0	1
x_{21}	2	0	0	0	2	0	1	1	0	2	2	0	1	0
x_{22}	0	2	0	0	2	0	2	2	2	1	0	2	2	2
x_{23}	0	0	0	1	1	1	1	2	2	0	2	2	1	1
x_{24}	2	0	0	2	0	0	1	2	2	1	1	0	2	1
x_{25}	1	2	2	0	0	0	1	1	2	1	1	0	1	2
x_{26}	2	2	0	0	1	2	0	0	0	1	0	2	1	1
x_{27}	1	2	2	1	0	0	0	1	2	1	0	2	1	0
x_{28}	2	0	2	1	1	1	1	1	0	1	0	0	0	2
x_{29}	1	2	2	1	1	1	2	0	2	0	1	2	1	2
x_{30}	1	0	0	0	2	0	2	1	0	1	2	0	2	0
x_{31}	1	0	0	0	2	0	0	0	0	0	2	0	2	1

4. 属性约简及评估指标的确定

$x_1 \sim x_{31}$ 分别代表北京、天津等 31 个省（自治区、直辖市），$C_1 \sim C_{13}$ 分别代表每万人卫生机构床位数差异等指标。D 代表各省份的社会风险水平。令 $C=\{C_1, C_2, \cdots, C_{13}\}$ 为条件属性集，$D=\{d\}$ 为决策属性集，计算过程如下，首先确定条件属性 C 的等价类为

$$IND(C)=\{\{x_1\},\{x_2\},\{x_{10},x_{11}\},\{x_9\},\{x_{15}\},\{x_{16}\},\{x_{19}\},\{x_{23}\}\{x_{31}\}$$
$$\{x_3,x_4,x_5,x_6,x_7,x_8,x_{12},x_{13},x_{14},x_{18},x_{22},x_{24},x_{25},x_{27},x_{30}\},$$
$$\{x_{13},x_{20},x_{26},x_{29},x_{31}\},\{x_{17},x_{20},x_{21},x_{26},x_{28},x_{29},x_{31}\}\}$$

决策属性 D 的等价类为

$$IND(D)=\{\{x_1,x_3,x_9,x_{10},x_{11},x_{15},x_{16},x_{17},x_{18},x_{19},x_{23}\},$$
$$\{x_2,x_4,x_5,x_6,x_7,x_8,x_{12},x_{13},x_{14},x_{20},x_{21},x_{22},x_{24},$$
$$x_{25},x_{26},x_{27},x_{28},x_{29},x_{30},x_{31}\}\}$$

D 的 C 正域：

$$pos_C(D)=\{x_1,x_2,x_9,x_{10},x_{11},x_{15},x_{16},x_{19},x_{23},x_{26},x_{31}\}$$

D 的 $C-\{C_1\}$ 正域：

$$pos_{(C-\{C_1\})}(D)=\{x_1,x_2,x_9,x_{11},x_{15},x_{16},x_{31}\}\neq pos_C(D)$$

因此 C_1 是 C 中必要的，保留。同理可得，

同理可得，

$$pos_{(C-\{C_3\})}(D)=\{x_1,x_2,x_9,x_{10},x_{11},x_{15},x_{16},x_{19},x_{23},x_{26},x_{31}\}=pos_C(D)$$

因此 C_3 是 C 中不必要的，删除。

依此类推，可以得到 C_3、C_5、C_9、C_{10}、C_{12}、C_{13} 是 C 中不必要的，可约简删除，其余保留。

综上所述，得到科技型人才区域聚集不均衡的科技风险评估指标见表 6－13。

表 6－13　　科技型人才区域聚集不均衡的社会风险评估指标体系

一级指标	二级指标
社会风险	每万人卫生机构床位数差异
	高等教育在校生数量差异
	理工科毕业生占本科毕业生比重差异
	失业率差异
	平均房价差异
	人均绿地面积差异
	人口增长率差异

6.3 本章小结

本章依据粗糙模糊集构建了科技型人才区域聚集不均衡的风险评估指标体系。经过指标初筛、数据预处理、粗糙模糊集指标优化最终得到以科技型人才区域聚集不均衡的风险评估指标，其中包含科技风险的 R&D 经费投入强度差异等 7 个指标，经济风险的人均 GDP 差异等 5 个指标和社会风险的每万人卫生机构床位数差异等 7 个指标。

第 7 章

科技型人才区域聚集不均衡的风险评估

科技型人才区域聚集不均衡的风险评估是一个涉及多项指标、多个主体的复杂评估体系，各个主体的各项指标数值也具有一定的联动性，各指标对风险产生影响的结构关系也并非全是线性的。因此，需要寻找既能多指标输入，又能体现多层次的交叉传递关系的非线性模型进行风险评估，才能取得对科技型人才区域聚集不均衡的风险科学、客观的风险评估效果。传统的显性、线性化的函数模型，例如 Logistic 模型、综合模糊处理模型、多元判别分析模型等，针对科技型人才区域聚集不均衡的风险评估类型的问题，在适应性上会受到质疑[153]。近年来，随着深度学习技术的不断发展，深度学习方法已经成为了当前最先进的机器学习技术之一，这种非线性的表达能力在许多领域都取得了超过传统方法的显著成果[154-155]。由于本书所涉及的相关指标多为非线性关系，故科技型人才区域聚集不均衡的风险评估也采用了这种方法。

7.1 科技型人才区域聚集不均衡的风险评估模型确定

7.1.1 科技型人才区域聚集不均衡的风险评估模型的选取依据

深度学习的概念源于人工神经网络，指的是通过组合多层处理的方式，逐渐将初始的“低层”特征转化为“高层”特征表示，形成对学习特征更加抽象的表达，来挖掘数据的特征，并自主形成更加有效的特征组合来对学习目标进行表达，相对传统学习而言具有更加抽象的表达能力[149-150]。本章将构建基于深度学习的科技型人才区域聚集不均衡的风险评估模型。总体思路：首先，构建基于深度学习的风险评估模型，并确认模型的标签值；其次，按照数据规模，确定训练的样本，并运用 PyCharm 软件对训练样本进行按照深度网络算法进行迭代和处理，确定模型，并利用测试样本对该模型进行风险评估能力检验；最后，运用深度学习后的风险值（2005—2019 实际数据计算的风险值）做模型输入值，再利用深度学习方法对已有风险值进行训练，运用测试集检测，基于此得到 2020—2030 年的风险预测值。基于深度学习的科技型人才聚集不均衡的风险评估基本结构如图 7 - 1 所示。

深度学习是从杂乱无章的大量数据中提取出全局数据之间的内在联系而形成的模型，深度学习中的各种模型结构既可以从无监督的数据中寻找并提取特征，使得各输入信息均有较好的适用性，也可以利用这些数据特征，使得模型的预测效果更佳[97,109]。深度学习

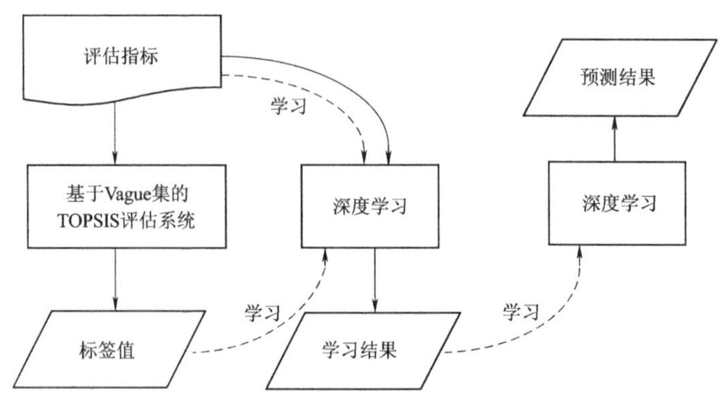

图 7-1 基于深度学习的科技型人才区域聚集不均衡的风险评估流程

还有强烈的数据驱动特点，善于发现高纬度数据中的复杂结构，总的来说，深度学习的优势体现在三个方面：一是不同于其他模型对于数据维度的要求，只要是与预测相关的数据均可以纳入模型；二是对于数据的处理问题不需要过多考虑数据间的交互性，这样可以提升样本的拟合度；三是通过早停策略（Early Stopping Strategy）、集成学习策略（Ensemble Learning Strategy）等有效避免过拟合的问题[150]。这些优势均是本书选择深度学习方法的依据。常用的深度学习模型有深度神经网络（Deep Neural Network，DNN）、卷积神经网络（Convolutional Neural Network，CNN）、深度置信网络（Deep Belief Network，DBN）、循环神经网络（Recurent Neural Network，RNN）等[97,149,155]。

在深度学习常见的几种结构中，循环神经网络（Recurrent Neural Network，RNN）是一类以序列（Sequence）数据为输入，在序列的演进方向进行递归（Recursion）且所有节点（循环单元）按链式连接的递归神经网络（Recursive Neural Network）。循环神经网络具有记忆性、参数共享并且图灵完备（Turing Completeness），因此在对序列的非线性特征进行学习时具有一定优势。循环神经网络在自然语言处理（Natural Language Processing，NLP），例如语音识别、语言建模、机器翻译等领域有应用，也被用于各类时间序列预报。RNN 具有特征提取能力强、模型结构简化、训练难度小等诸多优点，是一种典型的序列学习模型，通过相互连接的隐含层状态对特征进行学习，每一个隐含层单元当前时间不多状态由该时间步的输入和上一个时间步的状态决定。如图 7-2 所示。RNN 通过引入有向循环构建隐含层神经元之间的链接，对历史时刻的输入信息加以利用。

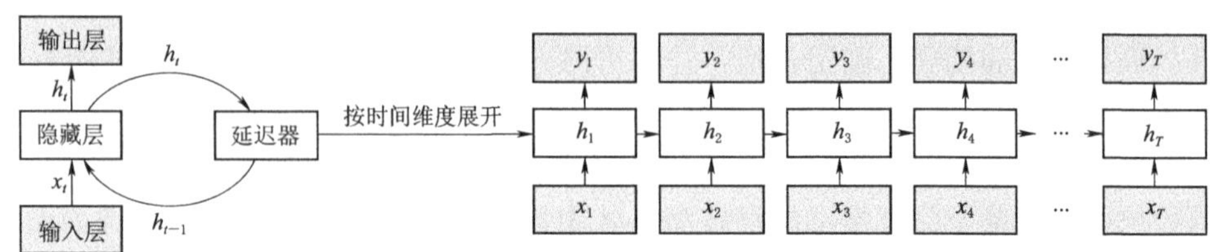

图 7-2 循环神经网络结构

然而，将 RNN 的循环连接按时间维度进行展开，可以将其视为一个层数较深的前馈网络，由此产生“长期依赖问题”使得 RNN 难以储存时间间隔太远的信息，这样就导致在多步反向传播的过程中，梯度信号可能急剧增加或消失。为了解决梯度信号非稳定降低的问题，诸多的优化理论与 RNN 相结合，通过对算法的改进来解决这一问题，达到对模型优化的效果，其中启动门控算法是循环神经网络应对长距离依赖的重要方法。长短期记忆网络（Long Short - Term Memory networks，LSTM）是最早被提出的循环神经网络门控算法。LSTM 单元包含 3 个门控：输入门、遗忘门和输出门。相对于循环神经网络对系统状态建立的递归计算，3 个门控对 LSTM 单元的内部状态建立了自循环。输入门决定当前时间步的输入和前一个时间步的系统状态对内部状态的更新；遗忘门决定前一个时间步内部状态对当前时间步内部状态的更新；输出门决定内部状态对系统状态的更新。具体的 LSTM 内部结构如图 7 - 3 所示。

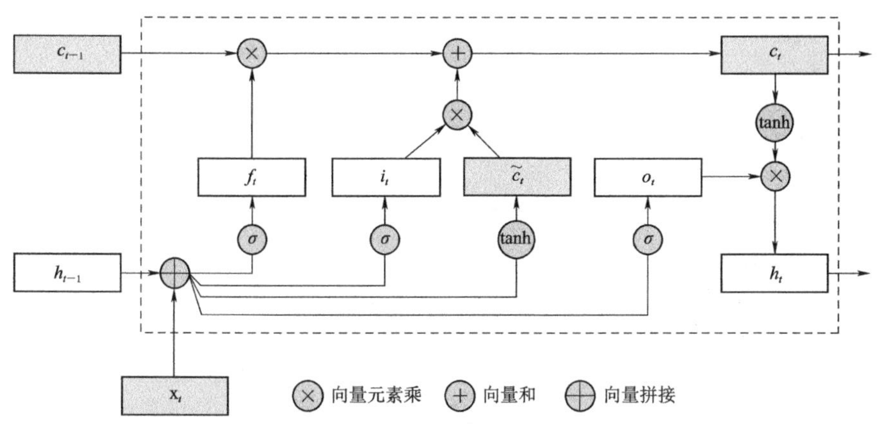

图 7 - 3　LSTM 内部结构

图 7 - 3 中，c 代表内部状态，h 代表系统状态，f 代表遗忘门，i 代表输入门，o 代表输出门，σ 代表 Sigmoid 函数。本章将结合第 6 章对科技型人才聚集不均衡的风险指标设计，选择我国 31 个省（自治区、直辖市）的 2005—2019 年的相关风险指标数据，运用基于 Vague 值计算的权重信息、TOPSIS 方法计算出的风险数据作为输入值，运用 LSTM 模型对深度学习网络进行反复大量的训练，最终确立风险评估模型，并检验评价结果。利用学习训练后的 2005—2019 年的我国 31 个省（自治区、直辖市）的年度风险值作为数据集，以其中前 90%的数据作为训练集，其余数据作为验证集，训练 80 次，最终预测到 2030 年的风险值。

7.1.2　基于 LSTM 的科技型人才区域聚集不均衡的风险评估模型

在科技型人才区域聚集不均衡的风险的 LSTM 中输入样本特征数据集，即选定的省份、年份的风险指标数据，通过网络前馈计算，判断、抽取并表达输入数据的相关特征，使得数据表达越来越抽象，最终能够用来预测结果，呈现出各地的风险值。

7.1.2.1　风险标签值的确定

风险标签值选取在风险评估领域较常用的 TOPSIS 方法计算出贴进度的风险值来获得。其中指标权重依据基于 Vague 集的模糊熵来确定。在多属性决策问题中，由于所设计的指标数据和量纲在表示形式上有较大区别，且属性指标往往都不是以 Vague 集的形式给出，所以首先要对属性值进行规范化处理，对定量指标和定性指标表示成 Vague 集的方法如下。具体计算步骤如下。

1. 定量指标的 Vague 集表示方法

定量指标一般分为效益型指标和成本型指标两种，对于效益型指标，属性值越大越好，对于成本型指标，属性值越小越好。对于效益型指标，采用如下规范化处理办法来化为 Vague 集形式：

$$t_{ij}=(\max_i x_{ij}-x_{ij})/(\max_i x_{ij}-\min_i x_{ij}) \tag{7-1}$$

$$f_{ij}=(x_{ij}-\min_i x_{ij})/(\max_i x_{ij}-\min_i x_{ij}) \tag{7-2}$$

这里 $1\leqslant i\leqslant m$，$1\leqslant j\leqslant n$。

对于成本型指标，采用如下规范化处理办法来化为 Vague 集形式：

$$t_{ij}=(x_{ij}-\min_i x_{ij})/(\max_i x_{ij}-\min_i x_{ij}) \tag{7-3}$$

$$f_{ij}=(\max_i x_{ij}-x_{ij})/(\max_i x_{ij}-\min_i x_{ij}) \tag{7-4}$$

这里 $1\leqslant i\leqslant m$，$1\leqslant j\leqslant n$。

2. 定性指标的 Vague 集表示方法

对于定性指标，确定 Vague 集的评语集（见表 7－1），属性指标 Vague 集规范化后，构成了 Vague 集的决策矩阵 M：

表 7－1　　Vague 值表示的 11 级评价语言

等级	相应的 Vague 值	弃权程度
绝对高	[1，1]	0
很高	[0.9，0.95]	0.05
高	[0.8，0.95]	0.1
较高	[0.7，0.85]	0.15
中高	[0.6，0.8]	0.2
中等	[0.5，0.5]	0
中低	[0.4，0.6]	0.2
较低	[0.3，0.45]	0.15
低	[0.2，0.3]	0.1
很低	[0.1，0.15]	0.05
绝对低	[0，0]	0

$$M=\begin{bmatrix}[t_{11},1-f_{11}] & [t_{12},1-f_{12}] & \cdots & [t_{1n},1-f_{1n}]\\ [t_{21},1-f_{21}] & [t_{22},1-f_{22}] & \cdots & [t_{2n},1-f_{2n}]\\ \vdots & \vdots & \ddots & \vdots\\ [t_{m1},1-f_{m1}] & [t_{m2},1-f_{m2}] & \cdots & [t_{mn},1-f_{mn}]\end{bmatrix}$$

3. 确定各风险因素排序

确定每个指标的权重，记为 $W=\{w_1, w_2, \cdots, w_n\}$，且 $\sum_{i=1}^{n} w_i=1$。

对于权重的确定，本书根据 Vague 集来确定各属性的权重。

$$w_j=\frac{1-VE_j}{n-\sum_{j=1}^{n}VE_j}(j=1,2,\cdots,n) \tag{7-5}$$

这里的 VE_j 即 Vague 集上的模糊熵，即

$$VE_j=-\frac{1}{m}\sum_{i=1}^{m}[y_{Ai}\log_2 y_{Ai}+(1-y_{Ai})\log_2(1-y_{Ai})]$$

其中

$$y_{Ai}=\frac{t_A(x_i)-f_A(x_i)}{1+\pi_A(x_i)}$$

$$\pi_A(x_i)=1-t_A(x_i)-f_A(x_i)(i=1,2,\cdots,m;j=1,2,\cdots,n)$$

4. 确定 Vague 值的正理想解（VPIS）和负理想解（VNIS）

依据式（7-1）、式（7-2）、式（7-3）和式（7-4）计算得出的 t_{ij} 和 f_{ij}，设 $x_{ij}=t_{ij}-f_{ij}$，由此可以得到各方案对指标的适合度矩阵为

$$SM=\begin{bmatrix} x_{11} & x_{12} & \cdots & x_{1n} \\ x_{21} & x_{22} & \cdots & x_{2n} \\ \vdots & \vdots & \ddots & \vdots \\ x_{m1} & x_{m2} & \cdots & x_{mn} \end{bmatrix}$$

设 $r_{ij}^{+}=\max\limits_{0\leqslant i\leqslant m}x_{ij}$，$r_{ij}^{-}=\min\limits_{0\leqslant i\leqslant m}x_{ij}$。其中 $0\leqslant i\leqslant m$；$0\leqslant j\leqslant n$。效益型指标的正理想解为 $A^{+}=(r_1^{+},\ r_2^{+},\ \cdots,\ r_n^{+})$，负理想解为 $A^{-}=(r_1^{-},\ r_2^{-},\ \cdots,\ r_n^{-})$；成本型指标的正理想解为 $A^{+}=(r_1^{-},\ r_2^{-},\ \cdots,\ r_n^{-})$，负理想解为 $A^{-}=(r_1^{+},\ r_2^{+},\ \cdots,\ r_n^{+})$。

5. 根据 Vague 值的度量方法来确定不同方案到正理想解 A^{+} 和负理想解 A^{-} 的距离

根据周晓光提出的 Vague 值度量方法：

$$M_Z(x,y)=1-\frac{|t_x-t_y-(f_x-f_y)|}{8}-\frac{|t_x-t_y+f_x-f_y|}{4}-\frac{|t_x-t_y|+|f_x-f_y|}{8} \tag{7-6}$$

$M_Z(x,\ y)$ 值越大，表示 Vague 值 x 和 y 越相似。根据步骤 4 计算不同方案到正理想解 A^{+} 和负理想解 A^{-} 的距离：

$$d_i^{+}=\sum_{j=1}^{n}w_jM_Z[(t_{ij},1-f_{ij}),VPIS](i=1,2,\cdots,m)$$

$$d_i^{-}=\sum_{j=1}^{n}w_jM_Z[(t_{ij},1-f_{ij}),VNIS](i=1,2,\cdots,m)$$

6. 计算不同方案的风险值

$$STR=\frac{d_i^{-}}{d_i^{+}+d_i^{-}} \tag{7-7}$$

STR 越大越接近正理想解，风险越小；STR 越小越接近负理想解，风险越大。

7.1.2.2 LSTM 模型评估流程

1. 数据进行归一化处理

由于本书数据分布较为分散，例如 GDP 增长率与科研项目数量之间因为特征的基本性质而产生较大差异，因此为保证数据处于同一数量级，提高不同特征数据的特比性，本

书采用标准差来进行数据处理，使得得到的数据结果后续使用效果稳定。转化函数如式（7-8）所示。

$$x^{*}=\frac{x-\mu}{\sigma} \tag{7-8}$$

式中：μ 为所有样本数据的均值；σ 为所有样本数据的标准差。

2. 分割测试集与训练集

本书所选数据包含了2005—2019年我国31个省（自治区、直辖市）的风险指标、风险等级的相关数据。本书按照神经网络对于数据训练集、测试集的常用划分标准比例4∶1，训练集数据包括2005—2014年的我国31个省（自治区、直辖市）相关数据，其余为测试集。

3. 模型构建

（1）确定节点信息。首先需要从节点中确定丢弃哪些信息。该部分判断由“遗忘门”的 *sigmoid* 层来决定。查看 h_{t-1} 和 x_t，并为单元状态 c_{t-1} 中的每个数字输出0到1之间的数字。1代表“完全保持这个”，0代表“完全摆脱这个”。遗忘门的表达式如式（7-9）所示。

$$f_t=sigmoid(W_f[h_{t-1},x_t^{*}]+b_f) \tag{7-9}$$

（2）确定存储信息。依据被筛选的评估指标相关信息，确定单元节点状态中存储哪些新信息。首先需要“输入门”的 *sigmoid* 层决定将更新存储哪些值，具体表达如式（7-10）所示。

$$i_t=sigmoid(W_i[h_{t-1},x_t^{*}]+b_i) \tag{7-10}$$

接下来，tanh层创建可以添加到状态的新候选值，如式（7-11）所示。

$$\tilde{c}_t=\tanh(W_c[h_{t-1},x_t^{*}]+b_c) \tag{7-11}$$

（3）单元状态 c_t 的更新。依据式（7-10）和式（7-11），本模型将结合这两步来进行模型输入门的状态更新。要将新的主题性别添加到单元格的状态中，以替换前期神经网络忘记的旧主题。具体操作如式（7-12）所示。

$$c_t=f_tc_{t-1}+i_t\tilde{c}_t \tag{7-12}$$

（4）决定输出内容。基于单元状态，将要决定输出内容，但需要进行过滤，最终得到经过滤后的输出内容版本。首先需要再次运行一个 *sigmoid* 层，决定输出的单元状态的哪些部分，如式（7-13）所示。

$$o_t=sigmoid(W_o[h_{t-1},x_t^{*}]+b_o) \tag{7-13}$$

将单元状态置于tanh并将其乘以 *sigmoid* 门的输出［如式（7-14）所示］，以便只输出决定部分。

$$h_t=o_t\tanh(c_t) \tag{7-14}$$

4. 模型的编译与训练

通过在PyCharm软件中对LSTM模型的不断堆叠训练，确定最终的网络维数为32维，训练次数为600次。

5. 评估结果输出

根据训练好的模型，最终得到基于LSTM模型的科技型人才区域聚集不均衡的风险的评估结果。

7.1.2.3 基于 LSTM 模型时间序列预测

将已有的 2005—2019 年我国 31 个省（自治区、直辖市）风险值作为样本数据，按照 4∶1 的比例拆分训练集与验证集。模型的聚集计算过程如下：

（1）将样本数据与输入“遗忘门”层，以剔除没有用的信息。计算公式如式（7-15）所示，

$$f_t=\sigma(W_f[h_{t-1},x_t]+b_f) \tag{7-15}$$

$$\sigma(t)=\frac{1}{1+e^{-t}} \tag{7-16}$$

“输入门”层通过 σ 即 *sigmoid* 函数来确定输入值，W_f 为“遗忘层”的权重，x_t 为输入的时间序列的风险值，h_{t-1} 为前一时刻的输出量，b_f 为对应的偏置参数。

经过“输入门”计算输出的保留信息为 i_t［如式（7-17）所示］，

$$i_t=\sigma(W_i[h_{t-1},x_t^*]+b_i) \tag{7-17}$$

式中：W_i 为“输入门”层的权重；b_i 为预期对应的偏置参数。

（2）利用 tanh 函数计算得出时刻的输入值 $\widetilde{C}_t$［如式（7-18）所示］，并将 i_t 与输入值 $\widetilde{C}_t$ 相乘，以此得到新的向量，得到单元状态的添加值，最终，将“输入门”的旧的细胞状态乘以“遗忘门”得到的 f_t，以此，遗忘掉之前的信息，加上新的输入信息 $i_t\widetilde{C}_t$，形成新的细胞状态［如式（7-19）所示］。其计算公式为

$$\widetilde{C}_t=\tanh(W_C[h_{t-1},x_t^*]+b_C) \tag{7-18}$$

$$C_t=f_tC_{t-1}+i_t\widetilde{C}_t \tag{7-19}$$

式中：W_C 为记忆单元的权重；b_C 为预期对应的偏置参数。

（3）将新的细胞状态 C_t 作为新的输出值。通过 *sigmoid* 函数计算初始输出值，这个过程是不受到先前学到的信息的输出影响。利用 tanh 将 C_t 的值缩放到区间（−1，1），将得到的值与初始输出进行逐对相乘，最终得到稳定的输出值。

$$o_t=\sigma(W_o[h_{t-1},x_t]+b_o) \tag{7-20}$$

$$h_t=o_t\tanh(C_t) \tag{7-21}$$

式中：W_o、b_o 为“输出门”层的权值向量和偏置参数。

本书采用的 LSTM 网络对科技型人才区域聚集不均衡的风险值进行时间序列预测需要确定人为确定的参数，以下是模型参数的确立过程。

（1）时间步的确定。时间步是用来衡量当前的预测数据应该用到过去多长时间的数据。研究表明，时间步的选择对于 LSTM 的预测效果影响并不是很大。考虑到本文选取的年度风险值，因此选择每年作为模型的时间步。

（2）学习率。学习率是指导如何通过损失函数的梯度调整网络权重的超参数，指模型的学习步长。模型将通过约束权重对于损失值的偏导数来来对权值进行更新。学习率的选择主要对模型的收敛有影响：较低的学习率会使损失函数的变化速度变慢，花费更长的时间进行收敛，也容易产生局部最优解；较高的学习率导致模型无法收敛。因此本书采用利用余弦函数作为周期函数的动态自适应的学习率的调整策略，在实际操作过程中，证明模型的收敛效果较好。

(3) 迭代次数。在对模型进行训练的过程中，迭代次数的选择对模型的精度会产生影响。较小的迭代次数往往使神经网络没有足够的时间进行学习，出现“欠拟合”现象，即模型不能很好地学习到数据在训练数据集中的分布；当迭代次数较大时，往往导致训练效率降低或出现“过拟合”问题，即模型对训练集中的噪声也进行学习。经过多次试验，本书模型在迭代次数为80时较为稳定，且不再下降，因此设定迭代次数为80。

最终得出2005—2030年的科技型人才区域聚集不均衡的风险值，本书按照中国国家标准化管理委员会对风险评估结果的通用划分，将科技型人才区域聚集不均衡的风险分为Ⅰ级、Ⅱ级、Ⅲ级、Ⅳ级、Ⅴ级5个等级，分别代表科技型人才区域聚集不均衡低风险、一般风险、中等风险、可能重大风险、特别重大风险5个等级的风险提示，其中 $STR \geqslant 0.8$ 为Ⅰ级，$0.8 > STR \geqslant 0.6$ 为Ⅱ级，$0.6 > STR \geqslant 0.4$ 为Ⅲ级，$0.4 > STR \geqslant 0.2$ 为Ⅳ级，$0.2 > STR$ 为Ⅴ级。

7.2 基于LSTM的科技型人才区域聚集不均衡的科技风险评估

7.2.1 科技风险标签值的确定

以2014年科技风险标签值的指标数据为例，通过查找《2014中国统计年鉴》《2014中国科技统计年鉴》的相关资料，得到各指标的原始数据见表7-2。差异指标依据每年数据与全国平均值差额得出。

表7-2 2014年科技风险指标值

省份	R&D经费投入强度差异/%	发明专利授权数差异/万项	科研项目数量差异/万项	高新技术企业孵化率差异/%	技术成交额差异/万元	R&D人才数量差异/万人	R&D人才占从业人员比重差异/%
北京	3.88	3.62	2.37	−0.12	2876.75	13.97	0.97
天津	2.72	−1.21	−0.17	0.14	128.13	−2.70	0.44
河北	−0.41	−1.83	−0.24	−0.17	−231.21	−1.69	−0.07
山西	−0.39	−3.01	−0.20	−0.08	−211.97	−8.24	−0.10
内蒙古	−0.65	−3.44	−0.23	−0.16	−246.49	−9.71	−0.10
辽宁	0.52	−1.89	−0.07	−0.15	−42.97	−4.13	−0.03
吉林	−0.34	−3.17	−0.04	−0.14	−231.86	−8.46	−0.07
黑龙江	−0.33	−2.30	−0.11	−0.05	−140.16	−8.27	−0.12
上海	1.76	1.20	0.63	−0.24	332.02	5.33	0.51
江苏	0.90	16.16	0.32	0.09	282.73	42.99	0.48
浙江	0.62	15.01	−0.11	−0.18	−173.18	26.80	0.51
安徽	0.10	0.99	−0.15	0.11	−90.60	1.03	0.04
福建	−0.23	−0.06	−0.04	−0.16	−221.24	1.02	0.17
江西	−0.67	−2.46	−0.22	0.12	−209.67	−6.82	−0.05
山东	0.92	3.44	0.15	0.08	−11.14	17.47	0.12

续表

省份	R&D经费投入强度差异/%	发明专利授权数差异/万项	科研项目数量差异/万项	高新技术企业孵化率差异/%	技术成交额差异/万元	R&D人才数量差异/万人	R&D人才占从业人员比重差异/%
河南	−0.49	−0.51	−0.23	0.01	−219.64	3.24	−0.02
湖北	0.16	−1.02	0.07	−0.01	320.25	0.99	0.05
湖南	−0.23	−1.18	−0.16	−0.12	−162.50	0.07	0.01
广东	0.70	14.15	0.26	−0.20	152.82	43.52	0.34
广西	−0.83	−2.88	−0.10	0.52	−248.85	−9.33	−0.10
海南	−1.16	−3.68	−0.22	−0.14	−259.78	−12.24	−0.09
重庆	−0.27	−1.41	−0.16	0.13	−104.23	−5.10	0.08
四川	−0.10	0.87	−0.06	0.06	−61.38	1.47	0.00
贵州	−1.05	−2.83	−0.19	0.18	−240.39	−10.18	−0.10
云南	−1.04	−3.03	−0.09	−0.12	−212.51	−8.35	−0.08
西藏	−1.40	−3.83	−0.29	−0.20	−260.39	−12.89	−0.15
陕西	0.46	−1.56	−0.03	0.23	379.59	−3.19	0.07
甘肃	−0.47	−3.33	−0.04	0.18	−145.92	−10.64	−0.09
青海	−0.88	−3.78	−0.26	0.17	−231.33	−12.45	−0.09
宁夏	−0.69	−3.70	−0.28	0.22	−257.25	−12.03	−0.04
新疆	−1.12	−3.32	−0.12	0.00	−257.61	−11.49	−0.13

资料来源：《中国统计年鉴》《中国科技统计年鉴》。

通过指标的Vague集处理后，得到用Vague值表示的2014年各指标的判断矩阵和权重见表7-3。由表7-3可知，2014年对科技型人才区域聚集不均衡的风险最重要的科技影响因素为科研项目数量差异，其次为技术市场成交额差异，R&D经费投入强度差异影响最小。

表7-3　　各指标Vague集表示及对应权重

省份	R&D经费投入强度差异/%	发明专利授权数差异/万项	科研项目数量差异/万项	高新技术企业孵化率差异/%	技术成交额差异/万元	R&D人才数量差异/万人	R&D人才占从业人员比重差异/%
北京	[0.00, 0.00]	[0.63, 0.63]	[0.00, 0.00]	[0.84, 0.84]	[0.00, 0.00]	[0.52, 0.52]	[0.00, 0.00]
天津	[0.22, 0.22]	[0.87, 0.87]	[0.95, 0.95]	[0.50, 0.50]	[0.88, 0.88]	[0.82, 0.82]	[0.22, 0.22]
河北	[0.81, 0.81]	[0.9, 0.9]	[0.98, 0.98]	[0.91, 0.91]	[0.99, 0.99]	[0.80, 0.80]	[0.81, 0.81]
山西	[0.81, 0.81]	[0.96, 0.96]	[0.97, 0.97]	[0.79, 0.79]	[0.98, 0.98]	[0.92, 0.92]	[0.81, 0.81]
内蒙古	[0.86, 0.86]	[0.98, 0.98]	[0.98, 0.98]	[0.89, 0.89]	[1.00, 1.00]	[0.94, 0.94]	[0.86, 0.86]
辽宁	[0.64, 0.64]	[0.90, 0.90]	[0.92, 0.92]	[0.88, 0.88]	[0.93, 0.93]	[0.84, 0.84]	[0.64, 0.64]
吉林	[0.80, 0.80]	[0.97, 0.97]	[0.91, 0.91]	[0.87, 0.87]	[0.99, 0.99]	[0.92, 0.92]	[0.80, 0.80]
黑龙江	[0.80, 0.80]	[0.92, 0.92]	[0.93, 0.93]	[0.75, 0.75]	[0.96, 0.96]	[0.92, 0.92]	[0.80, 0.80]

续表

省份	R&D经费投入强度差异/%	发明专利授权数差异/万项	科研项目数量差异/万项	高新技术企业孵化率差异/%	技术成交额差异/万元	R&D人才数量差异/万人	R&D人才占从业人员比重差异/%
上海	[0.40, 0.40]	[0.75, 0.75]	[0.65, 0.65]	[1.00, 1.00]	[0.81, 0.81]	[0.68, 0.68]	[0.40, 0.40]
江苏	[0.56, 0.56]	[0.00, 0.00]	[0.77, 0.77]	[0.57, 0.57]	[0.83, 0.83]	[0.01, 0.01]	[0.56, 0.56]
浙江	[0.62, 0.62]	[0.06, 0.06]	[0.93, 0.93]	[0.92, 0.92]	[0.97, 0.97]	[0.30, 0.30]	[0.62, 0.62]
安徽	[0.72, 0.72]	[0.76, 0.76]	[0.95, 0.95]	[0.54, 0.54]	[0.95, 0.95]	[0.75, 0.75]	[0.72, 0.72]
福建	[0.78, 0.78]	[0.81, 0.81]	[0.91, 0.91]	[0.89, 0.89]	[0.99, 0.99]	[0.75, 0.75]	[0.78, 0.78]
江西	[0.86, 0.86]	[0.93, 0.93]	[0.97, 0.97]	[0.53, 0.53]	[0.98, 0.98]	[0.89, 0.89]	[0.86, 0.86]
山东	[0.56, 0.56]	[0.64, 0.64]	[0.83, 0.83]	[0.58, 0.58]	[0.92, 0.92]	[0.46, 0.46]	[0.56, 0.56]
河南	[0.83, 0.83]	[0.83, 0.83]	[0.98, 0.98]	[0.67, 0.67]	[0.99, 0.99]	[0.71, 0.71]	[0.83, 0.83]
湖北	[0.70, 0.70]	[0.86, 0.86]	[0.86, 0.86]	[0.70, 0.70]	[0.81, 0.81]	[0.75, 0.75]	[0.70, 0.70]
湖南	[0.78, 0.78]	[0.87, 0.87]	[0.95, 0.95]	[0.84, 0.84]	[0.97, 0.97]	[0.77, 0.77]	[0.78, 0.78]
广东	[0.60, 0.60]	[0.10, 0.10]	[0.79, 0.79]	[0.95, 0.95]	[0.87, 0.87]	[0.00, 0.00]	[0.60, 0.60]
广西	[0.89, 0.89]	[0.95, 0.95]	[0.93, 0.93]	[0.00, 0.00]	[1.00, 1.00]	[0.94, 0.94]	[0.89, 0.89]
海南	[0.95, 0.95]	[0.99, 0.99]	[0.97, 0.97]	[0.87, 0.87]	[1.00, 1.00]	[0.99, 0.99]	[0.95, 0.95]
重庆	[0.79, 0.79]	[0.88, 0.88]	[0.95, 0.95]	[0.51, 0.51]	[0.95, 0.95]	[0.86, 0.86]	[0.79, 0.79]
四川	[0.75, 0.75]	[0.76, 0.76]	[0.91, 0.91]	[0.61, 0.61]	[0.94, 0.94]	[0.75, 0.75]	[0.75, 0.75]
贵州	[0.93, 0.93]	[0.95, 0.95]	[0.96, 0.96]	[0.45, 0.45]	[0.99, 0.99]	[0.95, 0.95]	[0.93, 0.93]
云南	[0.93, 0.93]	[0.96, 0.96]	[0.92, 0.92]	[0.84, 0.84]	[0.98, 0.98]	[0.92, 0.92]	[0.93, 0.93]
西藏	[1.00, 1.00]	[1.00, 1.00]	[1.00, 1.00]	[0.95, 0.95]	[1.00, 1.00]	[1.00, 1.00]	[1.00, 1.00]
陕西	[0.65, 0.65]	[0.89, 0.89]	[0.90, 0.90]	[0.38, 0.38]	[0.80, 0.80]	[0.83, 0.83]	[0.65, 0.65]
甘肃	[0.82, 0.82]	[0.97, 0.97]	[0.91, 0.91]	[0.45, 0.45]	[0.96, 0.96]	[0.96, 0.96]	[0.82, 0.82]
青海	[0.90, 0.90]	[1.00, 1.00]	[0.99, 0.99]	[0.46, 0.46]	[0.99, 0.99]	[0.99, 0.99]	[0.90, 0.90]
宁夏	[0.87, 0.87]	[0.99, 0.99]	[1.00, 1.00]	[0.39, 0.39]	[1.00, 1.00]	[0.98, 0.98]	[0.87, 0.87]
新疆	[0.95, 0.95]	[0.97, 0.97]	[0.94, 0.94]	[0.68, 0.68]	[1.00, 1.00]	[0.98, 0.98]	[0.95, 0.95]
权重	0.10	0.13	0.18	0.15	0.16	0.14	0.14

依据式（7-6）和式（7-7），最终得到基于 Vague 集的 TOPSIS 方法得到的科技型人才区域聚集不均衡的 2014 年科技风险标签值见表 7-4。

依据 2014 年科技型人才区域聚集不均衡的科技风险标签值的计算方法，可以得到 LSTM 模型的输入值，即样本特征数据集。如上所述，确定为 31 个省（自治区、直辖市）10 年共 310 份样本的明细指标，共 2170 个特征值，具体指标数据依据第 6 章表 6-6 指标体系的内容，分析查找《中国统计年鉴》《中国科技统计年鉴》等确定，差异值均由各地各年的指标与对应年份的全国平均值的差值获得。按照 2014 年的算法，计算出 2005—2014 年的科技风险值。依据风险值，形成深度学习模型的输入层，科技风险的风险值作为输出层，最终形成科技型人才区域聚集不均衡的科技风险的训练集的输入值。

表 7-4　　2014 年科技风险标签值

省份	风险值	风险等级	省份	风险值	风险等级
北京	0.52	Ⅲ	湖北	0.13	Ⅴ
天津	0.54	Ⅲ	湖南	0.18	Ⅴ
河北	0.34	Ⅳ	广东	0.54	Ⅲ
山西	0.19	Ⅴ	广西	0.42	Ⅲ
内蒙古	0.22	Ⅳ	海南	0.30	Ⅳ
辽宁	0.58	Ⅲ	重庆	0.38	Ⅳ
吉林	0.56	Ⅲ	四川	0.50	Ⅲ
黑龙江	0.62	Ⅱ	贵州	0.54	Ⅲ
上海	0.68	Ⅱ	云南	0.44	Ⅲ
江苏	0.69	Ⅱ	西藏	0.34	Ⅳ
浙江	0.46	Ⅲ	陕西	0.26	Ⅳ
安徽	0.28	Ⅳ	甘肃	0.37	Ⅳ
福建	0.21	Ⅳ	青海	0.33	Ⅳ
江西	0.33	Ⅳ	宁夏	0.44	Ⅲ
山东	0.35	Ⅳ	新疆	0.34	Ⅳ
河南	0.14	Ⅴ			

7.2.2　科技型人才区域聚集不均衡的科技风险 LSTM 模型训练

本节以 7.1 对深度学习模型的选择，将选取我国 31 个省（自治区、直辖市）作为样本，如 7.2.1 采集计算的风险特征数据作为输入值，以风险值作为学习标签，以此对 LSTM 网络进行反复训练，最终确立评估模型，形成评估结果。

1. 数据预处理

鉴于数据取得的过程中指标的单位、变动范围均不统一，数据的绝对差异较大，往往不具有可比性，首先需要对这些大量数据进行标准化处理。本书主要对数据进行归一化处理，本书按照式（7-8），把各数据维度都中心化为 0，在归一化到同样的范围。

2. 模型训练

在 LSTM 网络学习中，为得到最小化的损失函数，需要通过一步步迭代算法来求解。经深度学习后，训练集数据真实值与预测值的效果可视化如图 7-4 所示。

可以看出模型的训练效果很好，拟合程度较高。

本书对科技型人才区域聚集不均衡的科技风险评估深度学习模型的训练，迭代次数为 600 次，最终确定样本的均方误差（MSE）和绝对误差（MAE）基本接近 0。由图 7-5 可知，随着训练次数的增加，均方误差与绝对误差均越来越小，说明其判断的准确度越来越高。

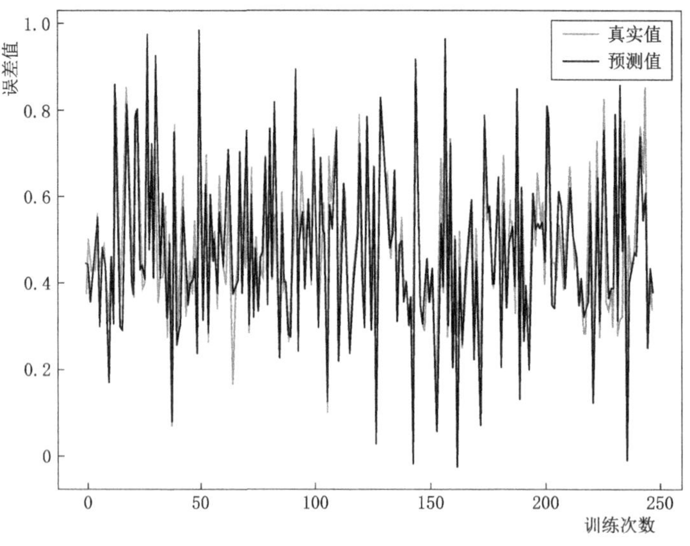

图 7-4 科技风险训练集效果可视化图

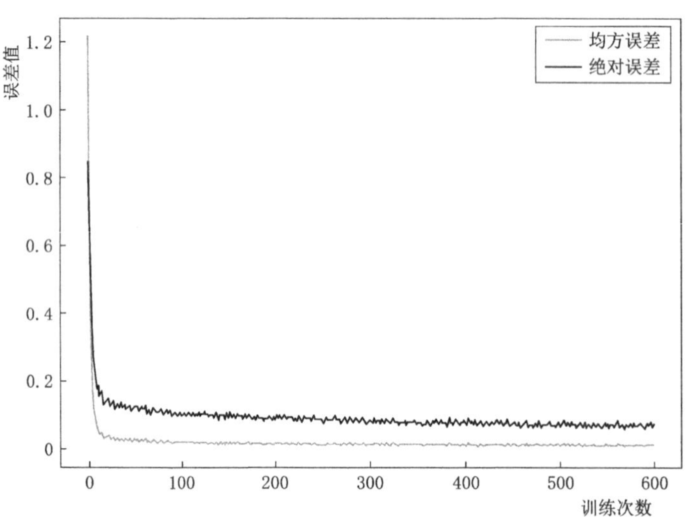

图 7-5 科技风险训练集指标误差

3. 科技型人才区域聚集不均衡的科技风险评估深度学习模型的测试与检验

已经经过大量训练后构建了基于 LSTM 模型的科技型人才区域聚集不均衡的科技风险深度学习模型网络，接下来需要使用测试样本数据来测试模型的训练效果，进而评价检验效果。测试样本子集需要独立于训练样本的数据，选择 31 个省（自治区、直辖市）2015—2019 年 5 年的风险特征数据，共计 150 个测试样本集，测试结果误差率 0.0421，说明本文所构建的深度学习模型预测准确率为 95.79%，具体测试集的预测值与真实值的拟合度如图 7-6 所示。

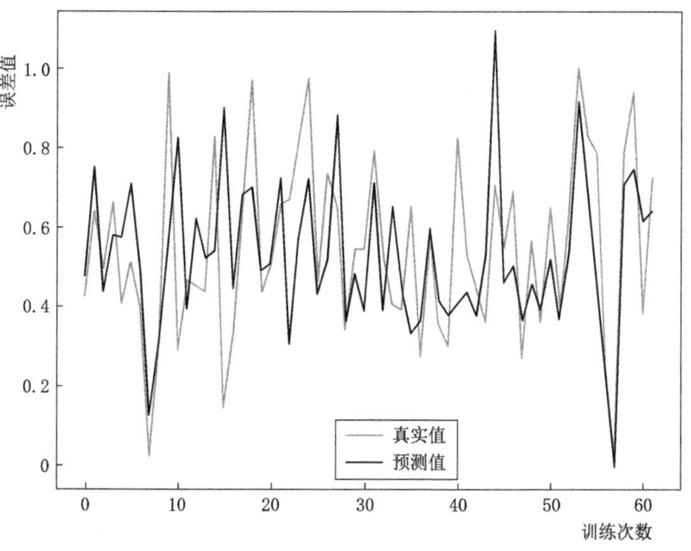

图 7-6　科技风险测试集效果可视化图

4. 基于LSTM的科技风险值的时间序列预测

依据2005—2019年的风险值，运用LSTM做时间序列预测模型。将前80%的数据作为训练集，剩下的数据作为验证集，训练80次。基于PyCharm平台搭建LSTM模型，模型的训练效果图如图7-7所示。

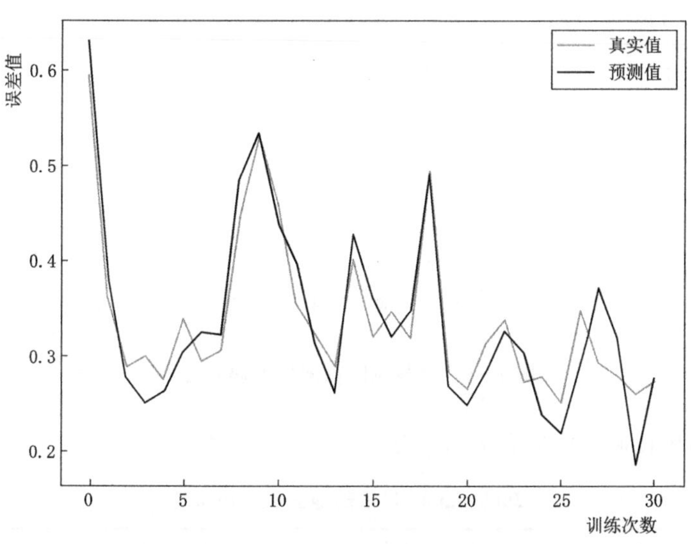

图 7-7　科技风险预测模型的训练效果

时间序列预测模型测试集的训练成果可视化如图7-8所示。

模型的误差随着迭代次数的增加而减少（如图7-9所示），最终的预测准确率为98.45%。

7.2.3　科技型人才区域聚集不均衡的科技风险评估结果分析

基于LSTM的模型训练与测试，最终将2005—2030年东部、中部西部各省（自治

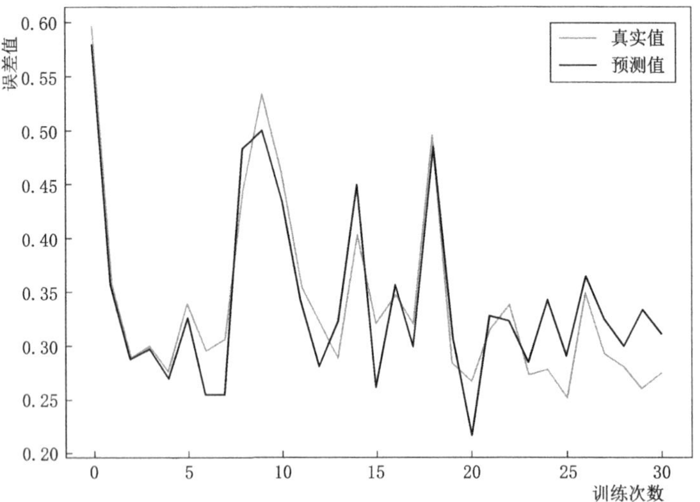

图7-8 科技风险预测模型测试集的测试效果可视化

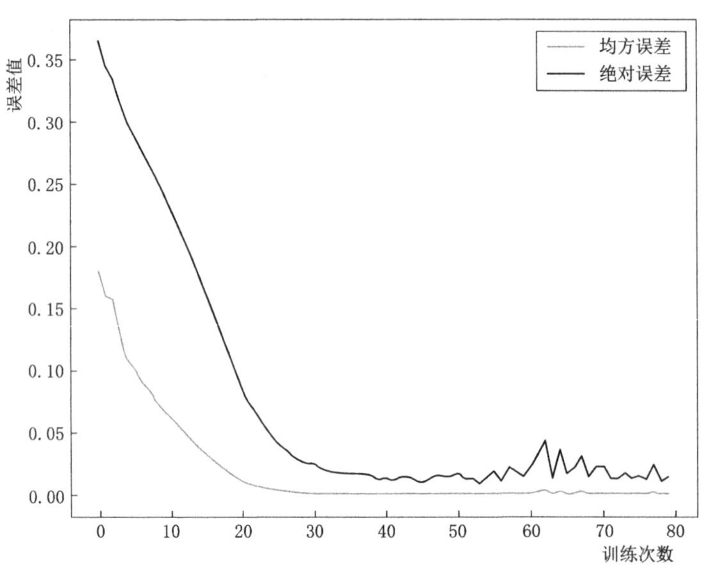

图7-9 科技风险预测模型误差变化

区、直辖市）的科技风险值见表7-5～表7-7。

表7-5　　2005—2030年东部地区科技风险值

年份	北京	天津	河北	辽宁	上海	江苏	浙江	福建	山东	广东	海南
2005	0.31	0.50	0.37	0.52	0.66	0.57	0.58	0.47	0.54	0.63	0.25
2006	0.34	0.49	0.39	0.51	0.69	0.57	0.60	0.46	0.52	0.61	0.25
2007	0.59	0.31	0.40	0.36	0.45	0.39	0.49	0.41	0.39	0.51	0.29
2008	0.58	0.36	0.44	0.42	0.47	0.43	0.56	0.46	0.44	0.59	0.30
2009	0.58	0.42	0.33	0.40	0.50	0.58	0.50	0.34	0.50	0.51	0.28

续表

年份	北京	天津	河北	辽宁	上海	江苏	浙江	福建	山东	广东	海南
2010	0.59	0.36	0.29	0.34	0.44	0.53	0.46	0.32	0.40	0.49	0.26
2011	0.50	0.58	0.31	0.56	0.58	0.55	0.41	0.59	0.22	0.48	0.37
2012	0.50	0.53	0.37	0.50	0.57	0.59	0.46	0.53	0.31	0.50	0.37
2013	0.51	0.57	0.16	0.54	0.68	0.68	0.42	0.49	0.28	0.55	0.36
2014	0.52	0.54	0.34	0.58	0.68	0.69	0.46	0.21	0.35	0.54	0.30
2015	0.56	0.37	0.31	0.35	0.50	0.52	0.48	0.29	0.41	0.50	0.20
2016	0.64	0.38	0.33	0.34	0.49	0.52	0.51	0.29	0.40	0.48	0.17
2017	0.66	0.39	0.32	0.36	0.49	0.54	0.53	0.31	0.45	0.48	0.18
2018	0.67	0.40	0.29	0.37	0.48	0.54	0.54	0.31	0.47	0.49	0.18
2019	0.67	0.40	0.26	0.37	0.45	0.53	0.53	0.30	0.48	0.50	0.19
2020	0.67	0.40	0.24	0.35	0.42	0.51	0.50	0.27	0.49	0.48	0.19
2021	0.67	0.39	0.23	0.32	0.40	0.49	0.46	0.24	0.48	0.45	0.18
2022	0.68	0.39	0.21	0.31	0.39	0.49	0.42	0.20	0.47	0.44	0.19
2023	0.68	0.38	0.19	0.30	0.39	0.49	0.38	0.17	0.45	0.43	0.20
2024	0.68	0.37	0.18	0.31	0.39	0.49	0.34	0.14	0.44	0.43	0.22
2025	0.67	0.36	0.16	0.32	0.39	0.48	0.32	0.12	0.44	0.43	0.23
2026	0.66	0.35	0.15	0.34	0.40	0.47	0.31	0.11	0.43	0.43	0.24
2027	0.66	0.34	0.14	0.35	0.39	0.45	0.30	0.10	0.43	0.42	0.24
2028	0.67	0.34	0.13	0.36	0.39	0.43	0.30	0.09	0.43	0.41	0.25
2029	0.67	0.33	0.12	0.36	0.38	0.42	0.31	0.09	0.43	0.40	0.26
2030	0.67	0.33	0.12	0.37	0.37	0.41	0.31	0.09	0.42	0.38	0.28

表7-6　2005—2030年中部地区科技风险值

年份	山西	吉林	黑龙江	安徽	江西	河南	湖北	湖南
2005	0.43	0.39	0.49	0.49	0.40	0.41	0.50	0.50
2006	0.41	0.45	0.46	0.45	0.41	0.39	0.49	0.41
2007	0.37	0.34	0.38	0.35	0.35	0.33	0.31	0.34
2008	0.35	0.41	0.44	0.35	0.44	0.39	0.36	0.36
2009	0.35	0.35	0.34	0.35	0.35	0.41	0.42	0.36
2010	0.30	0.29	0.30	0.36	0.29	0.32	0.35	0.32
2011	0.27	0.60	0.52	0.49	0.52	0.42	0.18	0.43
2012	0.29	0.61	0.56	0.30	0.44	0.29	0.19	0.45
2013	0.22	0.56	0.65	0.29	0.31	0.42	0.12	0.42
2014	0.19	0.56	0.62	0.28	0.33	0.14	0.13	0.18
2015	0.34	0.30	0.25	0.37	0.34	0.31	0.37	0.24

续表

年份	山西	吉林	黑龙江	安徽	江西	河南	湖北	湖南
2016	0.36	0.29	0.29	0.37	0.31	0.32	0.42	0.31
2017	0.33	0.28	0.24	0.38	0.28	0.35	0.40	0.33
2018	0.32	0.27	0.23	0.40	0.27	0.36	0.40	0.33
2019	0.32	0.28	0.23	0.42	0.26	0.38	0.40	0.33
2020	0.30	0.29	0.24	0.43	0.27	0.39	0.41	0.33
2021	0.28	0.28	0.24	0.44	0.28	0.38	0.40	0.34
2022	0.26	0.28	0.25	0.44	0.27	0.38	0.39	0.35
2023	0.24	0.29	0.25	0.45	0.25	0.38	0.37	0.36
2024	0.21	0.29	0.25	0.47	0.23	0.38	0.35	0.37
2025	0.18	0.28	0.25	0.48	0.21	0.38	0.33	0.38
2026	0.16	0.27	0.25	0.50	0.20	0.38	0.33	0.39
2027	0.13	0.26	0.25	0.51	0.20	0.38	0.33	0.40
2028	0.11	0.24	0.24	0.52	0.21	0.36	0.33	0.41
2029	0.10	0.22	0.22	0.53	0.22	0.35	0.34	0.43
2030	0.09	0.20	0.20	0.53	0.23	0.33	0.35	0.44

表7-7　2005—2030年西部地区科技风险值

年份	内蒙古	广西	重庆	四川	贵州	云南	西藏	陕西	甘肃	青海	宁夏	新疆
2005	0.31	0.34	0.49	0.52	0.32	0.32	0.28	0.51	0.41	0.32	0.34	0.30
2006	0.30	0.31	0.49	0.52	0.37	0.34	0.28	0.51	0.47	0.32	0.37	0.28
2007	0.37	0.33	0.42	0.37	0.36	0.38	0.37	0.32	0.37	0.33	0.25	0.37
2008	0.42	0.42	0.43	0.45	0.42	0.37	0.24	0.34	0.37	0.38	0.40	0.43
2009	0.34	0.34	0.29	0.43	0.31	0.29	0.24	0.42	0.29	0.39	0.34	0.32
2010	0.27	0.28	0.31	0.34	0.27	0.28	0.25	0.35	0.29	0.28	0.26	0.27
2011	0.31	0.36	0.32	0.43	0.35	0.39	0.38	0.35	0.34	0.35	0.39	0.38
2012	0.20	0.34	0.39	0.38	0.42	0.42	0.36	0.34	0.54	0.34	0.42	0.36
2013	0.16	0.35	0.41	0.55	0.44	0.49	0.37	0.34	0.55	0.38	0.49	0.37
2014	0.22	0.42	0.38	0.50	0.54	0.44	0.34	0.26	0.37	0.33	0.44	0.34
2015	0.24	0.27	0.31	0.33	0.29	0.32	0.23	0.40	0.33	0.24	0.37	0.22
2016	0.19	0.25	0.31	0.34	0.35	0.35	0.29	0.36	0.32	0.27	0.38	0.29
2017	0.20	0.23	0.33	0.39	0.36	0.36	0.27	0.39	0.33	0.25	0.37	0.29
2018	0.21	0.22	0.35	0.41	0.34	0.33	0.27	0.40	0.36	0.23	0.38	0.26
2019	0.23	0.22	0.35	0.41	0.33	0.30	0.27	0.38	0.39	0.21	0.37	0.24
2020	0.25	0.24	0.34	0.41	0.33	0.26	0.27	0.38	0.40	0.20	0.34	0.20
2021	0.27	0.24	0.32	0.40	0.34	0.25	0.29	0.35	0.39	0.20	0.31	0.20

续表

年份	内蒙古	广西	重庆	四川	贵州	云南	西藏	陕西	甘肃	青海	宁夏	新疆
2022	0.27	0.24	0.30	0.40	0.35	0.25	0.31	0.33	0.39	0.21	0.29	0.20
2023	0.27	0.24	0.28	0.40	0.35	0.26	0.33	0.31	0.38	0.22	0.27	0.20
2024	0.26	0.24	0.26	0.39	0.35	0.28	0.35	0.30	0.37	0.23	0.26	0.19
2025	0.26	0.24	0.25	0.38	0.34	0.29	0.37	0.30	0.37	0.24	0.26	0.19
2026	0.26	0.24	0.24	0.36	0.32	0.31	0.39	0.30	0.37	0.25	0.25	0.19
2027	0.26	0.24	0.23	0.35	0.30	0.32	0.41	0.31	0.37	0.26	0.25	0.20
2028	0.26	0.24	0.21	0.33	0.28	0.34	0.43	0.31	0.37	0.28	0.24	0.21
2029	0.27	0.24	0.20	0.32	0.27	0.36	0.45	0.30	0.37	0.29	0.24	0.22
2030	0.28	0.23	0.19	0.32	0.26	0.38	0.48	0.30	0.36	0.30	0.24	0.23

依据风险等级的划分，可以将各地区各年份的风险等级做评判，东部、中部和西部的科技型人才区域聚集不均衡的科技风险等级如表7-8～表7-10。

表7-8　2005—2030年东部地区的科技型人才区域聚集不均衡的科技风险等级

年份	北京	天津	河北	辽宁	上海	江苏	浙江	福建	山东	广东	海南
2005	Ⅳ	Ⅲ	Ⅳ	Ⅲ	Ⅱ	Ⅲ	Ⅲ	Ⅲ	Ⅲ	Ⅱ	Ⅳ
2006	Ⅳ	Ⅲ	Ⅳ	Ⅲ	Ⅱ	Ⅲ	Ⅲ	Ⅲ	Ⅲ	Ⅱ	Ⅳ
2007	Ⅲ	Ⅳ	Ⅳ	Ⅳ	Ⅲ	Ⅳ	Ⅲ	Ⅲ	Ⅳ	Ⅲ	Ⅳ
2008	Ⅲ	Ⅳ	Ⅲ	Ⅲ	Ⅲ	Ⅲ	Ⅲ	Ⅲ	Ⅲ	Ⅲ	Ⅳ
2009	Ⅲ	Ⅲ	Ⅳ	Ⅳ	Ⅲ	Ⅲ	Ⅲ	Ⅳ	Ⅲ	Ⅲ	Ⅳ
2010	Ⅲ	Ⅳ	Ⅳ	Ⅳ	Ⅲ	Ⅲ	Ⅲ	Ⅳ	Ⅲ	Ⅲ	Ⅳ
2011	Ⅲ	Ⅲ	Ⅳ	Ⅲ	Ⅲ	Ⅲ	Ⅲ	Ⅲ	Ⅳ	Ⅲ	Ⅳ
2012	Ⅲ	Ⅲ	Ⅳ	Ⅲ	Ⅲ	Ⅲ	Ⅲ	Ⅲ	Ⅳ	Ⅲ	Ⅳ
2013	Ⅲ	Ⅲ	Ⅴ	Ⅲ	Ⅱ	Ⅱ	Ⅲ	Ⅲ	Ⅳ	Ⅲ	Ⅳ
2014	Ⅲ	Ⅲ	Ⅳ	Ⅲ	Ⅱ	Ⅱ	Ⅲ	Ⅳ	Ⅳ	Ⅲ	Ⅳ
2015	Ⅲ	Ⅳ	Ⅳ	Ⅳ	Ⅲ	Ⅲ	Ⅲ	Ⅳ	Ⅲ	Ⅲ	Ⅴ
2016	Ⅱ	Ⅳ	Ⅳ	Ⅳ	Ⅲ	Ⅲ	Ⅲ	Ⅳ	Ⅲ	Ⅲ	Ⅴ
2017	Ⅱ	Ⅳ	Ⅳ	Ⅳ	Ⅲ	Ⅲ	Ⅲ	Ⅳ	Ⅲ	Ⅲ	Ⅴ
2018	Ⅱ	Ⅲ	Ⅳ	Ⅳ	Ⅲ	Ⅲ	Ⅲ	Ⅳ	Ⅲ	Ⅲ	Ⅴ
2019	Ⅱ	Ⅲ	Ⅳ	Ⅳ	Ⅲ	Ⅲ	Ⅲ	Ⅳ	Ⅲ	Ⅲ	Ⅴ
2020	Ⅱ	Ⅲ	Ⅳ	Ⅳ	Ⅲ	Ⅲ	Ⅲ	Ⅳ	Ⅲ	Ⅲ	Ⅴ
2021	Ⅱ	Ⅳ	Ⅳ	Ⅳ	Ⅲ	Ⅲ	Ⅲ	Ⅳ	Ⅲ	Ⅲ	Ⅴ
2022	Ⅱ	Ⅳ	Ⅳ	Ⅳ	Ⅳ	Ⅲ	Ⅲ	Ⅴ	Ⅲ	Ⅲ	Ⅴ
2023	Ⅱ	Ⅳ	Ⅴ	Ⅳ	Ⅳ	Ⅲ	Ⅳ	Ⅴ	Ⅲ	Ⅲ	Ⅳ
2024	Ⅱ	Ⅳ	Ⅴ	Ⅳ	Ⅳ	Ⅲ	Ⅳ	Ⅴ	Ⅲ	Ⅲ	Ⅳ
2025	Ⅱ	Ⅳ	Ⅴ	Ⅳ	Ⅳ	Ⅲ	Ⅳ	Ⅴ	Ⅲ	Ⅲ	Ⅳ

续表

年份	北京	天津	河北	辽宁	上海	江苏	浙江	福建	山东	广东	海南
2026	Ⅱ	Ⅳ	Ⅴ	Ⅳ	Ⅳ	Ⅲ	Ⅳ	Ⅴ	Ⅲ	Ⅲ	Ⅳ
2027	Ⅱ	Ⅳ	Ⅴ	Ⅳ	Ⅳ	Ⅲ	Ⅳ	Ⅴ	Ⅲ	Ⅲ	Ⅳ
2028	Ⅱ	Ⅳ	Ⅴ	Ⅳ	Ⅳ	Ⅲ	Ⅳ	Ⅴ	Ⅲ	Ⅲ	Ⅳ
2029	Ⅱ	Ⅳ	Ⅴ	Ⅳ	Ⅳ	Ⅲ	Ⅳ	Ⅴ	Ⅲ	Ⅳ	Ⅳ
2030	Ⅱ	Ⅳ	Ⅴ	Ⅳ	Ⅳ	Ⅲ	Ⅳ	Ⅴ	Ⅲ	Ⅳ	Ⅳ

表7-9　2005—2030年中部地区的科技型人才区域聚集不均衡的科技风险等级

年份	山西	吉林	黑龙江	安徽	江西	河南	湖北	湖南
2005	Ⅲ	Ⅳ	Ⅲ	Ⅲ	Ⅳ	Ⅲ	Ⅲ	Ⅲ
2006	Ⅲ	Ⅲ	Ⅲ	Ⅲ	Ⅲ	Ⅳ	Ⅲ	Ⅲ
2007	Ⅳ	Ⅳ	Ⅳ	Ⅳ	Ⅳ	Ⅳ	Ⅳ	Ⅳ
2008	Ⅳ	Ⅲ	Ⅲ	Ⅳ	Ⅲ	Ⅳ	Ⅳ	Ⅳ
2009	Ⅳ	Ⅳ	Ⅳ	Ⅳ	Ⅳ	Ⅲ	Ⅲ	Ⅳ
2010	Ⅳ	Ⅳ	Ⅳ	Ⅳ	Ⅳ	Ⅳ	Ⅳ	Ⅳ
2011	Ⅳ	Ⅲ	Ⅲ	Ⅲ	Ⅲ	Ⅲ	Ⅴ	Ⅲ
2012	Ⅳ	Ⅱ	Ⅲ	Ⅳ	Ⅲ	Ⅳ	Ⅴ	Ⅲ
2013	Ⅳ	Ⅲ	Ⅱ	Ⅳ	Ⅳ	Ⅲ	Ⅴ	Ⅲ
2014	Ⅴ	Ⅲ	Ⅱ	Ⅳ	Ⅳ	Ⅴ	Ⅴ	Ⅴ
2015	Ⅳ	Ⅳ	Ⅳ	Ⅳ	Ⅳ	Ⅳ	Ⅳ	Ⅳ
2016	Ⅳ	Ⅳ	Ⅳ	Ⅳ	Ⅳ	Ⅳ	Ⅲ	Ⅳ
2017	Ⅳ	Ⅳ	Ⅳ	Ⅳ	Ⅳ	Ⅳ	Ⅲ	Ⅳ
2018	Ⅳ	Ⅳ	Ⅳ	Ⅳ	Ⅳ	Ⅳ	Ⅲ	Ⅳ
2019	Ⅳ	Ⅳ	Ⅳ	Ⅲ	Ⅳ	Ⅳ	Ⅳ	Ⅳ
2020	Ⅳ	Ⅳ	Ⅳ	Ⅲ	Ⅳ	Ⅳ	Ⅲ	Ⅳ
2021	Ⅳ	Ⅳ	Ⅳ	Ⅲ	Ⅳ	Ⅳ	Ⅲ	Ⅳ
2022	Ⅳ	Ⅳ	Ⅳ	Ⅲ	Ⅳ	Ⅳ	Ⅳ	Ⅳ
2023	Ⅳ	Ⅳ	Ⅳ	Ⅲ	Ⅳ	Ⅳ	Ⅳ	Ⅳ
2024	Ⅳ	Ⅳ	Ⅳ	Ⅲ	Ⅳ	Ⅳ	Ⅳ	Ⅳ
2025	Ⅴ	Ⅳ	Ⅳ	Ⅲ	Ⅳ	Ⅳ	Ⅳ	Ⅳ
2026	Ⅴ	Ⅳ	Ⅳ	Ⅲ	Ⅳ	Ⅳ	Ⅳ	Ⅳ
2027	Ⅴ	Ⅳ	Ⅳ	Ⅲ	Ⅳ	Ⅳ	Ⅳ	Ⅲ
2028	Ⅴ	Ⅳ	Ⅳ	Ⅲ	Ⅳ	Ⅳ	Ⅳ	Ⅲ
2029	Ⅴ	Ⅳ	Ⅳ	Ⅲ	Ⅳ	Ⅳ	Ⅳ	Ⅲ
2030	Ⅴ	Ⅳ	Ⅴ	Ⅲ	Ⅳ	Ⅳ	Ⅳ	Ⅲ

表 7-10　2005—2030 年西部地区的科技型人才区域聚集不均衡的科技风险等级

年份	内蒙古	广西	重庆	四川	贵州	云南	西藏	陕西	甘肃	青海	宁夏	新疆
2005	Ⅳ	Ⅳ	Ⅲ	Ⅲ	Ⅳ	Ⅳ	Ⅳ	Ⅲ	Ⅲ	Ⅳ	Ⅳ	Ⅳ
2006	Ⅳ	Ⅳ	Ⅲ	Ⅲ	Ⅳ	Ⅳ	Ⅳ	Ⅲ	Ⅲ	Ⅳ	Ⅳ	Ⅳ
2007	Ⅳ	Ⅳ	Ⅲ	Ⅳ	Ⅳ	Ⅳ	Ⅳ	Ⅳ	Ⅳ	Ⅳ	Ⅳ	Ⅳ
2008	Ⅲ	Ⅲ	Ⅲ	Ⅲ	Ⅲ	Ⅳ	Ⅳ	Ⅳ	Ⅳ	Ⅳ	Ⅳ	Ⅲ
2009	Ⅳ	Ⅳ	Ⅳ	Ⅲ	Ⅳ	Ⅳ	Ⅳ	Ⅲ	Ⅳ	Ⅳ	Ⅳ	Ⅳ
2010	Ⅳ	Ⅳ	Ⅳ	Ⅳ	Ⅳ	Ⅳ	Ⅳ	Ⅳ	Ⅳ	Ⅳ	Ⅳ	Ⅳ
2011	Ⅳ	Ⅳ	Ⅳ	Ⅲ	Ⅳ	Ⅳ	Ⅳ	Ⅳ	Ⅳ	Ⅳ	Ⅳ	Ⅳ
2012	Ⅴ	Ⅳ	Ⅳ	Ⅳ	Ⅲ	Ⅲ	Ⅳ	Ⅳ	Ⅲ	Ⅳ	Ⅲ	Ⅳ
2013	Ⅴ	Ⅳ	Ⅲ	Ⅲ	Ⅲ	Ⅲ	Ⅳ	Ⅳ	Ⅲ	Ⅳ	Ⅲ	Ⅳ
2014	Ⅳ	Ⅲ	Ⅳ	Ⅲ	Ⅲ	Ⅲ	Ⅳ	Ⅳ	Ⅳ	Ⅳ	Ⅲ	Ⅳ
2015	Ⅳ	Ⅳ	Ⅳ	Ⅳ	Ⅳ	Ⅳ	Ⅳ	Ⅳ	Ⅳ	Ⅳ	Ⅳ	Ⅳ
2016	Ⅴ	Ⅳ	Ⅳ	Ⅳ	Ⅳ	Ⅳ	Ⅳ	Ⅳ	Ⅳ	Ⅳ	Ⅳ	Ⅳ
2017	Ⅳ	Ⅳ	Ⅳ	Ⅳ	Ⅳ	Ⅳ	Ⅳ	Ⅳ	Ⅳ	Ⅳ	Ⅳ	Ⅳ
2018	Ⅳ	Ⅳ	Ⅳ	Ⅲ	Ⅳ	Ⅳ	Ⅳ	Ⅳ	Ⅳ	Ⅳ	Ⅳ	Ⅳ
2019	Ⅳ	Ⅳ	Ⅳ	Ⅲ	Ⅳ	Ⅳ	Ⅳ	Ⅳ	Ⅳ	Ⅳ	Ⅳ	Ⅳ
2020	Ⅳ	Ⅳ	Ⅳ	Ⅲ	Ⅳ	Ⅳ	Ⅳ	Ⅳ	Ⅳ	Ⅴ	Ⅳ	Ⅳ
2021	Ⅳ	Ⅳ	Ⅳ	Ⅲ	Ⅳ	Ⅳ	Ⅳ	Ⅳ	Ⅳ	Ⅴ	Ⅳ	Ⅳ
2022	Ⅳ	Ⅳ	Ⅳ	Ⅲ	Ⅳ	Ⅳ	Ⅳ	Ⅳ	Ⅳ	Ⅳ	Ⅳ	Ⅴ
2023	Ⅳ	Ⅳ	Ⅳ	Ⅳ	Ⅳ	Ⅳ	Ⅳ	Ⅳ	Ⅳ	Ⅳ	Ⅳ	Ⅴ
2024	Ⅳ	Ⅳ	Ⅳ	Ⅳ	Ⅳ	Ⅳ	Ⅳ	Ⅳ	Ⅳ	Ⅳ	Ⅳ	Ⅴ
2025	Ⅳ	Ⅳ	Ⅳ	Ⅳ	Ⅳ	Ⅳ	Ⅳ	Ⅳ	Ⅳ	Ⅳ	Ⅳ	Ⅴ
2026	Ⅳ	Ⅳ	Ⅳ	Ⅳ	Ⅳ	Ⅳ	Ⅳ	Ⅳ	Ⅳ	Ⅳ	Ⅳ	Ⅴ
2027	Ⅳ	Ⅳ	Ⅳ	Ⅳ	Ⅳ	Ⅳ	Ⅲ	Ⅳ	Ⅳ	Ⅳ	Ⅳ	Ⅳ
2028	Ⅳ	Ⅳ	Ⅳ	Ⅳ	Ⅳ	Ⅳ	Ⅲ	Ⅳ	Ⅳ	Ⅳ	Ⅳ	Ⅳ
2029	Ⅳ	Ⅳ	Ⅳ	Ⅳ	Ⅳ	Ⅳ	Ⅲ	Ⅳ	Ⅳ	Ⅳ	Ⅳ	Ⅳ
2030	Ⅳ	Ⅳ	Ⅴ	Ⅳ	Ⅳ	Ⅳ	Ⅲ	Ⅳ	Ⅳ	Ⅳ	Ⅳ	Ⅳ

由表 7-8～表 7-10 可知，在 2005—2030 年，我国各地的科技风险主要处于可能重大风险和特别重大风险等级，可见科技型人才区域聚集不均衡的科技非经济效应已经出现。

东部地区的科技型人才区域聚集不均衡的科技风险的重大风险等级占全国的 24.39%，相较中部、西部地区，其重大风险概率相对较低，由于东部地区的科技型人才处于科技型人才的增长极，知识的溢出效应和创新效应等使得东部地区在过去 15 年间除海南外基本均处于中等风险和一般风险区域，但随着虹吸效应的影响，东部地区处于重大风险区域的年份逐渐增多，其中河北、福建、海南的科技创新动能不足导致未来的科技风险处于重大风险区域的频率增加，浙江、上海等地也由于规模非经济性和拥挤效应导致风险等级增加，而北京由于科技资源丰富、科技平台增长速度较快、科技产业庞大、环境承载力强，科技型人才聚集的创新效应等使得北京在未来 10 年的科技发展仍处于经济效应阶段，因此过去及未来均长期处于一般风险阶段。天津的科技型人才聚集依托于京津冀一体化的发展战略背景，拥有大量科技型人才，但是科技创新企业相对北京而言缺乏，城市活力不足，因此，虽然拥有较高的科技型人才聚集度，但风险等级在未来处于可能重大风险等级。

中部地区的重大风险等级占全国的 27.57%，未出现低风险时段。未来 10 年与过去 15 年相比，中部地区科技型人才区域聚集不均衡的科技风险的可能重大风险等级占比从过去的 62.5%上升至 72.73%，特别重大风险等级占比从过去的 5.83%上升至 7.95%，科技风险的重大风险等级区域出现的概率增加，而对应的中等风险等级的区域占比却从 29.17%下降至 19.32%。例如，由于山西属于以煤炭、冶金等传统产业为主导产业的低级化产业结构，经济增速慢，环境压力大，科技投入占比低，以 R&D 经费投入强度为例，2005—2019 年围绕 1.12 上下波动，科研投入强度并未提高，科技型人才流失严重，以 R&D 人才数量为例，从 2013 年的 4.9 万人降至 2019 年的 4.7 万人，科技发展缺少人才支撑，故山西的科技风险 2007—2030 年一直处于重大风险等级，说明产业结构转型提质和升级任务艰巨。中部地区在地理位置上与东部接壤，可以享受到东部地区大量聚集科技型人才的扩散效应，东部地区的增长极带来的扩散效应使得中部地区的科技事业发展优于西部地区，但由于自身的科技型人才吸引力度不足，自身条件以及政府的科技经费投入力度相较东部地区的浙江、江苏等地仍有不足，因此在未来的 10 年，中部地区的重大风险等级的可能性会增加，中部地区的科技型人才区域聚集不均衡的科技风险应引起有关部门的足够重视。

西部地区的重大风险等级占全国的 48.04%，可见西部地区的回波效应已经十分明显，未来 10 年与过去 15 年相比，西部地区科技型人才区域聚集不均衡的科技风险的可能重大风险等级占比从过去的 78.89%上升到 88.56%，特别重大风险等级占比从过去的 1.67%上升至未来的 6.06%，风险等级整体呈上升的趋势。其中新疆、青海等地的科技事业从比较薄弱的基础上起步，虽然有国家政策的支持，但是科技事业相较其他地区仍有明显的不足，因此未来 10 年间均出现连续的特别重大风险等级。科技型人才生产要素长期处于低梯度区域，导致科技事业无力竞争使西部地区科技发展落后，与东部地区差距不断拉大，科技型人才短缺的状况进一步恶化。

7.3 基于 LSTM 的科技型人才区域聚集不均衡的经济风险评估

7.3.1 科技型人才区域聚集不均衡的经济风险 LSTM 模型训练

依据科技型人才区域聚集不均衡的科技风险的计算步骤，本节省略对于经济风险标签值的计算步骤展示，直接将涉及科技型人才区域聚集不均衡的经济风险的 2005—2019 年的我国 31 个省（自治区、直辖市）5 个指标的 2325 个指标数值以及 2005—2014 年的风险值作为标签值带入 PyCharm 软件，按照基于 LSTM 模型训练学习，可以得到基于 LSTM 模型的经济风险的预测值与真实值的对比如图 7-10 所示。

在 600 次迭代运算下，绝对误差与均方误差的对比图如图 7-11 所示。

测试集的训练效果可视化图如图 7-12 所示。

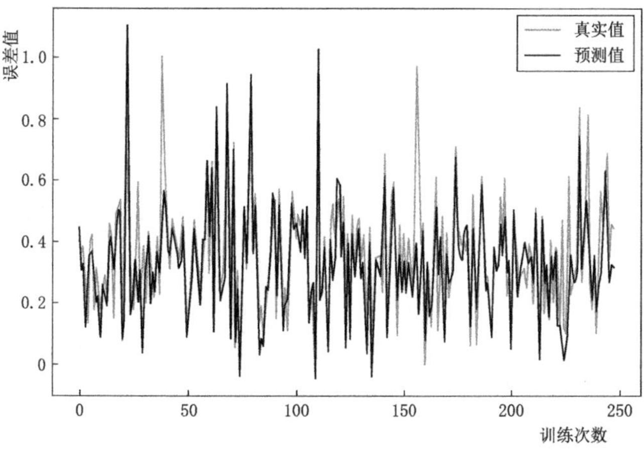

图 7-10 经济风险真实值与预测值训练效果

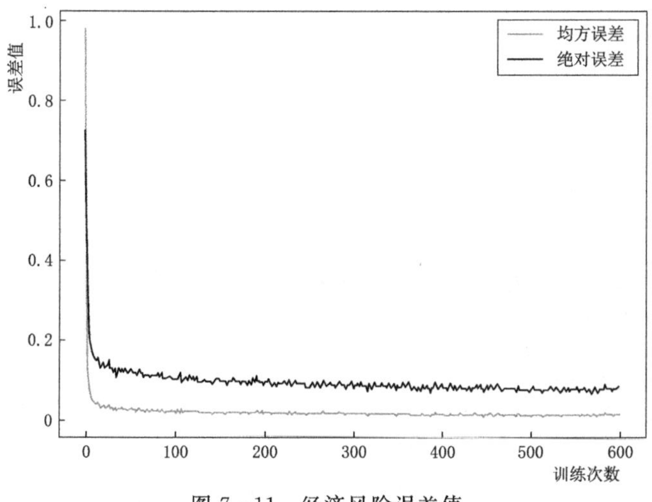

图 7-11 经济风险误差值

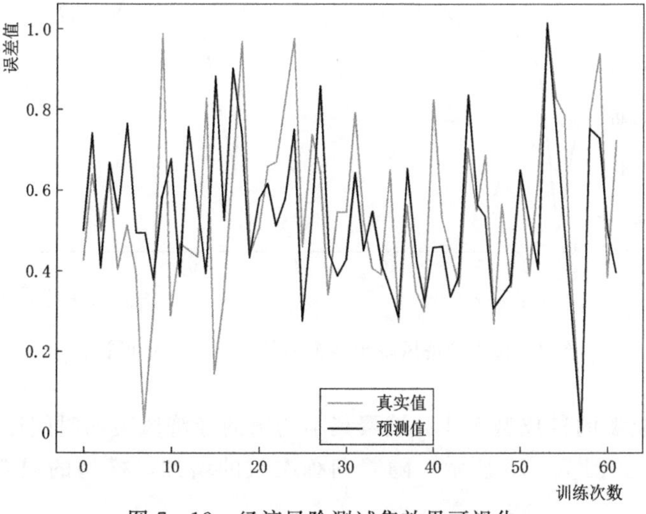

图 7-12 经济风险测试集效果可视化

最终得到 2005—2019 年的科技型人才区域聚集不均衡的经济风险值，依据我国 31 个省（自治区、直辖市）2005—2019 年的风险值进行时间序列的 LSTM 模型预测，得到的训练集效果如图 7 - 13 所示。

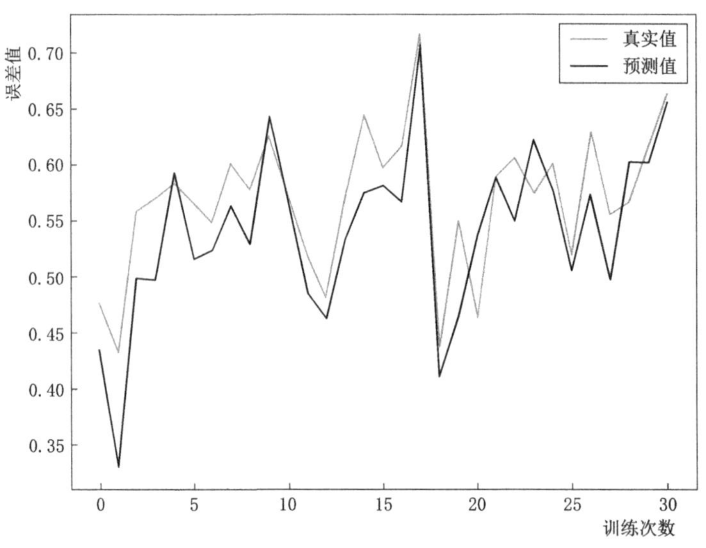

图 7 - 13　经济风险预测模型的训练集效果可视化

基于 LSTM 模型的科技型人才区域聚集不均衡的经济风险时间序列预测模型的测试集效果可视化如图 7 - 14 所示。

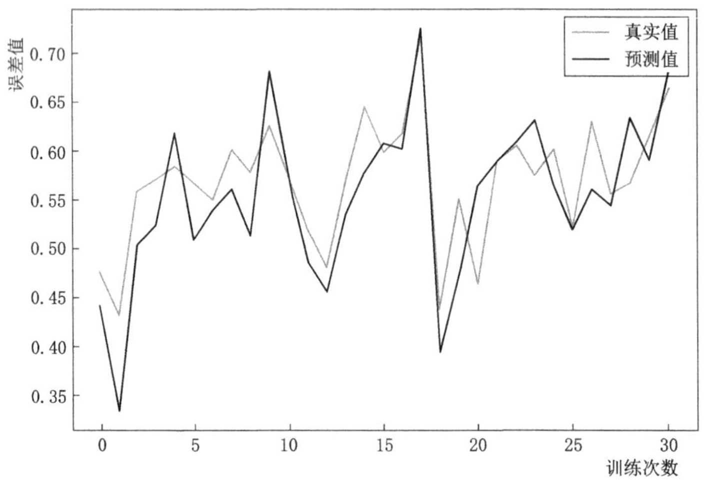

图 7 - 14　经济风险预测模型的测试集效果可视化

基于 LSTM 模型的科技型人才区域聚集不均衡的经济风险的时间序列模型经过 80 次训练后的误差变化如图 7 - 15 所示。随着训练次数的增加，模型的误差越来越小，趋近于 0。

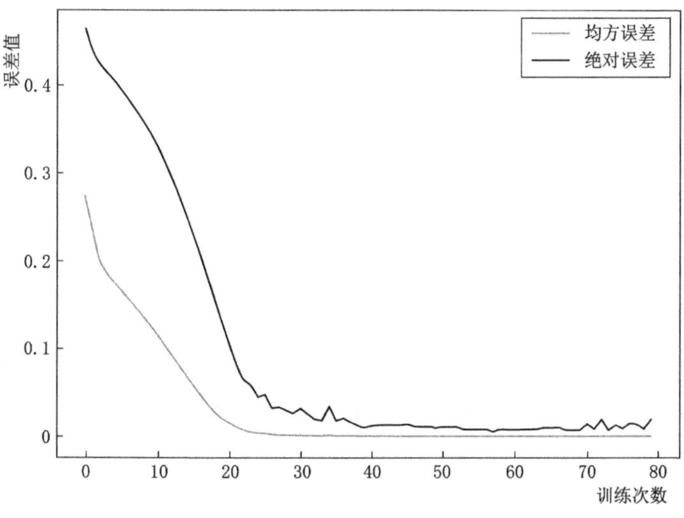

图 7-15　经济风险预测模型的误差示意图

7.3.2　科技型人才区域聚集不均衡的经济风险评估结果分析

基于 LSTM 模型训练计算得出的东部、中部、西部共 31 个省（自治区、直辖市）的 2005—2030 年的科技型人才区域聚集不均衡的经济风险值见表 7-11～表 7-13。

表 7-11　　2005—2030 年东部地区经济风险值

年份	北京	天津	河北	辽宁	上海	江苏	浙江	福建	山东	广东	海南
2005	0.45	0.48	0.43	0.27	0.61	0.46	0.52	0.41	0.46	0.50	0.35
2006	0.47	0.47	0.40	0.28	0.56	0.47	0.49	0.37	0.47	0.49	0.30
2007	0.54	0.44	0.33	0.35	0.51	0.47	0.45	0.36	0.42	0.47	0.27
2008	0.57	0.49	0.36	0.44	0.50	0.53	0.46	0.40	0.46	0.53	0.30
2009	0.47	0.52	0.34	0.41	0.46	0.50	0.47	0.43	0.36	0.47	0.42
2010	0.47	0.56	0.41	0.44	0.44	0.51	0.44	0.45	0.39	0.51	0.43
2011	0.64	0.37	0.57	0.66	0.72	0.30	0.45	0.34	0.36	0.32	0.43
2012	0.63	0.41	0.61	0.60	0.50	0.34	0.44	0.38	0.44	0.27	0.43
2013	0.62	0.39	0.72	0.59	0.48	0.31	0.40	0.43	0.38	0.29	0.49
2014	0.66	0.41	0.70	0.58	0.48	0.47	0.47	0.49	0.38	0.47	0.29
2015	0.43	0.61	0.46	0.42	0.43	0.45	0.44	0.44	0.41	0.51	0.45
2016	0.43	0.60	0.46	0.44	0.42	0.48	0.46	0.40	0.40	0.50	0.47
2017	0.40	0.62	0.48	0.45	0.43	0.48	0.46	0.38	0.41	0.46	0.47
2018	0.39	0.63	0.48	0.47	0.43	0.48	0.47	0.37	0.41	0.45	0.47
2019	0.39	0.65	0.47	0.50	0.44	0.49	0.48	0.37	0.40	0.44	0.47
2020	0.39	0.66	0.46	0.52	0.44	0.50	0.49	0.37	0.39	0.42	0.46
2021	0.40	0.66	0.44	0.54	0.46	0.52	0.50	0.39	0.38	0.41	0.46
2022	0.40	0.67	0.43	0.56	0.46	0.52	0.51	0.40	0.36	0.41	0.46
2023	0.40	0.67	0.42	0.56	0.46	0.52	0.51	0.41	0.35	0.42	0.46

续表

年份	北京	天津	河北	辽宁	上海	江苏	浙江	福建	山东	广东	海南
2024	0.40	0.67	0.42	0.56	0.46	0.51	0.52	0.41	0.34	0.43	0.47
2025	0.39	0.67	0.41	0.56	0.45	0.50	0.52	0.42	0.34	0.44	0.48
2026	0.38	0.67	0.41	0.56	0.44	0.50	0.52	0.41	0.34	0.44	0.49
2027	0.37	0.66	0.41	0.55	0.43	0.50	0.52	0.41	0.33	0.45	0.50
2028	0.36	0.66	0.41	0.54	0.43	0.50	0.52	0.41	0.33	0.45	0.51
2029	0.36	0.65	0.40	0.53	0.42	0.50	0.52	0.40	0.33	0.44	0.52
2030	0.36	0.65	0.39	0.53	0.42	0.50	0.51	0.40	0.33	0.44	0.52

表 7-12　　2005—2030 年中部地区经济风险值

年份	山西	吉林	黑龙江	安徽	江西	河南	湖北	湖南
2005	0.48	0.37	0.36	0.45	0.44	0.42	0.39	0.46
2006	0.43	0.35	0.32	0.38	0.39	0.41	0.34	0.40
2007	0.32	0.33	0.29	0.29	0.31	0.35	0.32	0.33
2008	0.32	0.38	0.34	0.30	0.32	0.39	0.36	0.36
2009	0.43	0.35	0.36	0.40	0.41	0.34	0.41	0.43
2010	0.43	0.43	0.41	0.45	0.46	0.34	0.45	0.45
2011	0.51	0.43	0.50	0.35	0.45	0.30	0.38	0.33
2012	0.37	0.57	0.51	0.44	0.34	0.25	0.37	0.31
2013	0.42	0.63	0.52	0.42	0.35	0.36	0.38	0.30
2014	0.39	0.56	0.58	0.40	0.37	0.41	0.38	0.31
2015	0.38	0.47	0.31	0.39	0.43	0.34	0.38	0.43
2016	0.38	0.48	0.37	0.39	0.47	0.31	0.44	0.43
2017	0.40	0.45	0.36	0.35	0.44	0.29	0.43	0.40
2018	0.41	0.43	0.36	0.33	0.42	0.28	0.45	0.39
2019	0.42	0.42	0.38	0.32	0.40	0.28	0.46	0.38
2020	0.41	0.41	0.40	0.31	0.39	0.27	0.47	0.38
2021	0.40	0.43	0.40	0.33	0.38	0.28	0.45	0.40
2022	0.39	0.45	0.41	0.35	0.37	0.28	0.45	0.42
2023	0.38	0.48	0.41	0.36	0.37	0.28	0.43	0.45
2024	0.37	0.50	0.41	0.37	0.36	0.28	0.42	0.46
2025	0.36	0.51	0.41	0.38	0.35	0.28	0.42	0.47
2026	0.36	0.52	0.42	0.39	0.35	0.27	0.42	0.48
2027	0.36	0.53	0.42	0.39	0.35	0.26	0.42	0.47
2028	0.36	0.53	0.42	0.39	0.35	0.26	0.43	0.47
2029	0.36	0.53	0.41	0.38	0.35	0.25	0.43	0.46
2030	0.36	0.53	0.41	0.38	0.35	0.25	0.44	0.45

表 7-13 2005—2030 年西部地区经济风险值

年份	内蒙古	广西	重庆	四川	贵州	云南	西藏	陕西	甘肃	青海	宁夏	新疆
2005	0.43	0.46	0.39	0.45	0.39	0.47	0.38	0.38	0.39	0.38	0.50	0.44
2006	0.41	0.38	0.32	0.35	0.41	0.44	0.46	0.41	0.36	0.38	0.39	0.43
2007	0.53	0.49	0.47	0.47	0.50	0.53	0.38	0.36	0.33	0.38	0.57	0.58
2008	0.40	0.36	0.31	0.35	0.39	0.44	0.42	0.51	0.44	0.53	0.40	0.40
2009	0.34	0.32	0.30	0.34	0.31	0.44	0.45	0.48	0.44	0.41	0.45	0.49
2010	0.44	0.36	0.28	0.28	0.31	0.44	0.44	0.36	0.44	0.41	0.38	0.36
2011	0.37	0.30	0.27	0.30	0.27	0.37	0.40	0.37	0.39	0.36	0.33	0.34
2012	0.43	0.39	0.31	0.35	0.42	0.46	0.40	0.45	0.43	0.38	0.48	0.47
2013	0.42	0.35	0.28	0.28	0.36	0.40	0.43	0.43	0.43	0.39	0.41	0.41
2014	0.38	0.34	0.29	0.32	0.41	0.44	0.37	0.43	0.39	0.46	0.42	0.42
2015	0.43	0.36	0.27	0.29	0.43	0.46	0.39	0.46	0.41	0.47	0.48	0.49
2016	0.33	0.31	0.30	0.35	0.44	0.41	0.38	0.48	0.41	0.50	0.44	0.40
2017	0.43	0.46	0.39	0.45	0.39	0.47	0.38	0.38	0.39	0.38	0.50	0.44
2018	0.41	0.38	0.32	0.35	0.41	0.44	0.46	0.41	0.36	0.38	0.39	0.43
2019	0.53	0.49	0.47	0.47	0.50	0.53	0.38	0.36	0.33	0.38	0.57	0.58
2020	0.40	0.36	0.31	0.35	0.39	0.44	0.42	0.51	0.44	0.53	0.40	0.40
2021	0.34	0.32	0.30	0.34	0.31	0.44	0.45	0.48	0.44	0.41	0.45	0.49
2022	0.44	0.36	0.28	0.28	0.31	0.44	0.44	0.36	0.44	0.41	0.38	0.36
2023	0.37	0.30	0.27	0.30	0.27	0.37	0.40	0.37	0.39	0.36	0.33	0.34
2024	0.43	0.39	0.31	0.35	0.42	0.46	0.40	0.45	0.43	0.38	0.48	0.47
2025	0.42	0.35	0.28	0.28	0.36	0.40	0.43	0.43	0.43	0.39	0.41	0.41
2026	0.38	0.34	0.29	0.32	0.41	0.44	0.37	0.43	0.39	0.46	0.42	0.42
2027	0.43	0.36	0.27	0.29	0.43	0.46	0.39	0.46	0.41	0.47	0.48	0.49
2028	0.33	0.31	0.30	0.35	0.44	0.41	0.38	0.48	0.41	0.50	0.44	0.40
2029	0.43	0.46	0.39	0.45	0.39	0.47	0.38	0.38	0.39	0.38	0.50	0.44
2030	0.41	0.38	0.32	0.35	0.41	0.44	0.46	0.41	0.36	0.38	0.39	0.43

根据本书7.1对于风险等级划分标准，对科技型人才区域聚集不均衡的经济风险进行等级划分，得到各区域的风险等级见表7-14～表7-16。

表 7-14 2005—2030 年东部地区经济风险等级

年份	北京	天津	河北	辽宁	上海	江苏	浙江	福建	山东	广东	海南
2005	Ⅲ	Ⅲ	Ⅲ	Ⅳ	Ⅱ	Ⅲ	Ⅲ	Ⅲ	Ⅲ	Ⅲ	Ⅳ
2006	Ⅲ	Ⅲ	Ⅳ	Ⅳ	Ⅲ	Ⅲ	Ⅲ	Ⅳ	Ⅲ	Ⅲ	Ⅳ
2007	Ⅲ	Ⅲ	Ⅳ	Ⅳ	Ⅲ	Ⅲ	Ⅲ	Ⅳ	Ⅲ	Ⅲ	Ⅳ
2008	Ⅲ	Ⅲ	Ⅳ	Ⅲ	Ⅲ	Ⅲ	Ⅲ	Ⅲ	Ⅲ	Ⅲ	Ⅳ

续表

年份	北京	天津	河北	辽宁	上海	江苏	浙江	福建	山东	广东	海南
2009	Ⅲ	Ⅲ	Ⅳ	Ⅲ	Ⅲ	Ⅲ	Ⅲ	Ⅲ	Ⅳ	Ⅲ	Ⅲ
2010	Ⅲ	Ⅲ	Ⅲ	Ⅲ	Ⅲ	Ⅲ	Ⅲ	Ⅲ	Ⅳ	Ⅲ	Ⅲ
2011	Ⅱ	Ⅳ	Ⅲ	Ⅱ	Ⅱ	Ⅳ	Ⅲ	Ⅳ	Ⅳ	Ⅳ	Ⅲ
2012	Ⅱ	Ⅲ	Ⅱ	Ⅲ	Ⅲ	Ⅳ	Ⅲ	Ⅳ	Ⅲ	Ⅳ	Ⅲ
2013	Ⅱ	Ⅳ	Ⅱ	Ⅲ	Ⅲ	Ⅳ	Ⅲ	Ⅲ	Ⅳ	Ⅳ	Ⅲ
2014	Ⅱ	Ⅲ	Ⅱ	Ⅲ	Ⅲ	Ⅲ	Ⅲ	Ⅲ	Ⅳ	Ⅲ	Ⅳ
2015	Ⅲ	Ⅲ	Ⅲ	Ⅳ	Ⅱ	Ⅲ	Ⅲ	Ⅲ	Ⅲ	Ⅲ	Ⅳ
2016	Ⅲ	Ⅲ	Ⅳ	Ⅳ	Ⅲ	Ⅲ	Ⅲ	Ⅳ	Ⅲ	Ⅲ	Ⅳ
2017	Ⅲ	Ⅲ	Ⅳ	Ⅳ	Ⅲ	Ⅲ	Ⅲ	Ⅳ	Ⅲ	Ⅲ	Ⅳ
2018	Ⅲ	Ⅲ	Ⅳ	Ⅲ	Ⅲ	Ⅲ	Ⅲ	Ⅲ	Ⅲ	Ⅲ	Ⅳ
2019	Ⅲ	Ⅲ	Ⅳ	Ⅲ	Ⅲ	Ⅲ	Ⅲ	Ⅲ	Ⅳ	Ⅲ	Ⅲ
2020	Ⅲ	Ⅲ	Ⅲ	Ⅲ	Ⅲ	Ⅲ	Ⅲ	Ⅲ	Ⅳ	Ⅲ	Ⅲ
2021	Ⅱ	Ⅳ	Ⅲ	Ⅱ	Ⅱ	Ⅳ	Ⅲ	Ⅳ	Ⅳ	Ⅳ	Ⅲ
2022	Ⅱ	Ⅲ	Ⅱ	Ⅲ	Ⅲ	Ⅳ	Ⅲ	Ⅳ	Ⅲ	Ⅳ	Ⅲ
2023	Ⅱ	Ⅳ	Ⅱ	Ⅲ	Ⅲ	Ⅳ	Ⅲ	Ⅲ	Ⅳ	Ⅳ	Ⅲ
2024	Ⅱ	Ⅲ	Ⅱ	Ⅲ	Ⅲ	Ⅲ	Ⅲ	Ⅲ	Ⅳ	Ⅲ	Ⅳ
2025	Ⅲ	Ⅱ	Ⅲ	Ⅲ	Ⅲ	Ⅲ	Ⅲ	Ⅲ	Ⅲ	Ⅲ	Ⅲ
2026	Ⅲ	Ⅱ	Ⅲ	Ⅲ	Ⅲ	Ⅲ	Ⅲ	Ⅲ	Ⅲ	Ⅲ	Ⅲ
2027	Ⅳ	Ⅱ	Ⅲ	Ⅲ	Ⅲ	Ⅲ	Ⅲ	Ⅳ	Ⅲ	Ⅲ	Ⅲ
2028	Ⅳ	Ⅱ	Ⅲ	Ⅲ	Ⅲ	Ⅲ	Ⅲ	Ⅳ	Ⅲ	Ⅲ	Ⅲ
2029	Ⅳ	Ⅱ	Ⅲ	Ⅲ	Ⅲ	Ⅲ	Ⅲ	Ⅳ	Ⅲ	Ⅲ	Ⅲ
2030	Ⅳ	Ⅱ	Ⅲ	Ⅲ	Ⅲ	Ⅲ	Ⅲ	Ⅳ	Ⅳ	Ⅲ	Ⅲ

表 7-15　　2005—2030 年中部地区经济风险等级

年份	山西	吉林	黑龙江	安徽	江西	河南	湖北	湖南
2005	Ⅲ	Ⅳ	Ⅳ	Ⅲ	Ⅲ	Ⅲ	Ⅳ	Ⅲ
2006	Ⅲ	Ⅳ	Ⅳ	Ⅳ	Ⅳ	Ⅲ	Ⅳ	Ⅲ
2007	Ⅳ	Ⅳ	Ⅳ	Ⅳ	Ⅳ	Ⅳ	Ⅳ	Ⅳ
2008	Ⅳ	Ⅳ	Ⅳ	Ⅳ	Ⅳ	Ⅳ	Ⅳ	Ⅳ
2009	Ⅲ	Ⅳ	Ⅳ	Ⅳ	Ⅲ	Ⅳ	Ⅲ	Ⅲ
2010	Ⅲ	Ⅲ	Ⅲ	Ⅲ	Ⅲ	Ⅳ	Ⅲ	Ⅲ
2011	Ⅲ	Ⅲ	Ⅲ	Ⅳ	Ⅲ	Ⅳ	Ⅳ	Ⅳ
2012	Ⅳ	Ⅲ	Ⅲ	Ⅲ	Ⅳ	Ⅳ	Ⅳ	Ⅳ
2013	Ⅲ	Ⅱ	Ⅲ	Ⅲ	Ⅳ	Ⅳ	Ⅳ	Ⅳ
2014	Ⅳ	Ⅲ	Ⅲ	Ⅲ	Ⅳ	Ⅲ	Ⅳ	Ⅳ

续表

年份	山西	吉林	黑龙江	安徽	江西	河南	湖北	湖南
2015	Ⅲ	Ⅳ	Ⅳ	Ⅲ	Ⅲ	Ⅲ	Ⅳ	Ⅲ
2016	Ⅲ	Ⅳ	Ⅳ	Ⅳ	Ⅳ	Ⅲ	Ⅳ	Ⅲ
2017	Ⅳ	Ⅳ	Ⅳ	Ⅳ	Ⅳ	Ⅳ	Ⅳ	Ⅳ
2018	Ⅳ	Ⅳ	Ⅳ	Ⅳ	Ⅳ	Ⅳ	Ⅳ	Ⅳ
2019	Ⅲ	Ⅳ	Ⅳ	Ⅳ	Ⅲ	Ⅳ	Ⅲ	Ⅲ
2020	Ⅲ	Ⅲ	Ⅲ	Ⅲ	Ⅲ	Ⅳ	Ⅲ	Ⅲ
2021	Ⅲ	Ⅲ	Ⅲ	Ⅳ	Ⅲ	Ⅳ	Ⅳ	Ⅳ
2022	Ⅳ	Ⅲ	Ⅲ	Ⅲ	Ⅳ	Ⅳ	Ⅳ	Ⅳ
2023	Ⅲ	Ⅱ	Ⅲ	Ⅲ	Ⅳ	Ⅳ	Ⅳ	Ⅳ
2024	Ⅳ	Ⅲ	Ⅲ	Ⅲ	Ⅳ	Ⅲ	Ⅳ	Ⅳ
2025	Ⅳ	Ⅲ	Ⅳ	Ⅳ	Ⅲ	Ⅳ	Ⅳ	Ⅲ
2026	Ⅳ	Ⅲ	Ⅳ	Ⅳ	Ⅲ	Ⅳ	Ⅲ	Ⅲ
2027	Ⅲ	Ⅲ	Ⅳ	Ⅳ	Ⅲ	Ⅳ	Ⅲ	Ⅲ
2028	Ⅲ	Ⅲ	Ⅳ	Ⅳ	Ⅲ	Ⅳ	Ⅲ	Ⅳ
2029	Ⅲ	Ⅲ	Ⅳ	Ⅳ	Ⅲ	Ⅳ	Ⅲ	Ⅳ
2030	Ⅲ	Ⅲ	Ⅲ	Ⅳ	Ⅳ	Ⅳ	Ⅲ	Ⅳ

表 7-16　　2005—2030年西部地区经济风险等级

年份	内蒙古	广西	重庆	四川	贵州	云南	西藏	陕西	甘肃	青海	宁夏	新疆
2005	Ⅲ	Ⅲ	Ⅲ	Ⅲ	Ⅳ	Ⅲ	Ⅳ	Ⅲ	Ⅲ	Ⅳ	Ⅲ	Ⅳ
2006	Ⅲ	Ⅳ	Ⅲ	Ⅳ	Ⅳ	Ⅳ	Ⅳ	Ⅳ	Ⅳ	Ⅳ	Ⅳ	Ⅳ
2007	Ⅳ	Ⅳ	Ⅲ	Ⅳ	Ⅳ	Ⅳ	Ⅳ	Ⅳ	Ⅳ	Ⅳ	Ⅳ	Ⅳ
2008	Ⅲ	Ⅳ	Ⅲ	Ⅳ	Ⅳ	Ⅳ	Ⅳ	Ⅳ	Ⅳ	Ⅳ	Ⅳ	Ⅳ
2009	Ⅳ	Ⅲ	Ⅲ	Ⅳ	Ⅳ	Ⅳ	Ⅳ	Ⅲ	Ⅳ	Ⅲ	Ⅲ	Ⅲ
2010	Ⅲ	Ⅲ	Ⅲ	Ⅲ	Ⅲ	Ⅲ	Ⅳ	Ⅲ	Ⅲ	Ⅲ	Ⅲ	Ⅲ
2011	Ⅳ	Ⅲ	Ⅳ	Ⅲ	Ⅲ	Ⅲ	Ⅲ	Ⅲ	Ⅲ	Ⅳ	Ⅳ	Ⅳ
2012	Ⅳ	Ⅲ	Ⅳ	Ⅲ	Ⅲ	Ⅳ	Ⅳ	Ⅲ	Ⅲ	Ⅲ	Ⅲ	Ⅲ
2013	Ⅳ	Ⅳ	Ⅳ	Ⅲ	Ⅲ	Ⅲ	Ⅳ	Ⅲ	Ⅲ	Ⅳ	Ⅲ	Ⅲ
2014	Ⅳ	Ⅳ	Ⅳ	Ⅲ	Ⅲ	Ⅲ	Ⅳ	Ⅳ	Ⅳ	Ⅲ	Ⅲ	Ⅲ
2015	Ⅲ	Ⅲ	Ⅲ	Ⅲ	Ⅳ	Ⅲ	Ⅳ	Ⅲ	Ⅲ	Ⅳ	Ⅲ	Ⅳ
2016	Ⅲ	Ⅳ	Ⅲ	Ⅳ	Ⅳ	Ⅳ	Ⅳ	Ⅳ	Ⅳ	Ⅳ	Ⅳ	Ⅳ
2017	Ⅳ	Ⅳ	Ⅲ	Ⅳ	Ⅳ	Ⅳ	Ⅳ	Ⅳ	Ⅳ	Ⅳ	Ⅳ	Ⅳ
2018	Ⅲ	Ⅳ	Ⅲ	Ⅳ	Ⅳ	Ⅳ	Ⅳ	Ⅳ	Ⅳ	Ⅳ	Ⅳ	Ⅳ
2019	Ⅳ	Ⅲ	Ⅲ	Ⅳ	Ⅳ	Ⅳ	Ⅳ	Ⅲ	Ⅳ	Ⅲ	Ⅲ	Ⅲ
2020	Ⅲ	Ⅲ	Ⅲ	Ⅲ	Ⅲ	Ⅲ	Ⅳ	Ⅲ	Ⅲ	Ⅲ	Ⅲ	Ⅲ
2021	Ⅳ	Ⅲ	Ⅳ	Ⅲ	Ⅲ	Ⅲ	Ⅲ	Ⅲ	Ⅲ	Ⅳ	Ⅳ	Ⅳ

续表

年份	内蒙古	广西	重庆	四川	贵州	云南	西藏	陕西	甘肃	青海	宁夏	新疆
2022	Ⅳ	Ⅲ	Ⅳ	Ⅲ	Ⅲ	Ⅳ	Ⅳ	Ⅲ	Ⅲ	Ⅲ	Ⅲ	Ⅲ
2023	Ⅳ	Ⅳ	Ⅳ	Ⅲ	Ⅲ	Ⅲ	Ⅳ	Ⅲ	Ⅲ	Ⅳ	Ⅲ	Ⅲ
2024	Ⅳ	Ⅳ	Ⅳ	Ⅲ	Ⅲ	Ⅲ	Ⅳ	Ⅳ	Ⅳ	Ⅲ	Ⅲ	Ⅲ
2025	Ⅲ	Ⅳ	Ⅲ	Ⅲ	Ⅲ	Ⅳ	Ⅳ	Ⅲ	Ⅲ	Ⅲ	Ⅲ	Ⅲ
2026	Ⅲ	Ⅲ	Ⅲ	Ⅲ	Ⅲ	Ⅳ	Ⅳ	Ⅲ	Ⅲ	Ⅲ	Ⅲ	Ⅲ
2027	Ⅲ	Ⅲ	Ⅲ	Ⅲ	Ⅲ	Ⅳ	Ⅳ	Ⅲ	Ⅳ	Ⅲ	Ⅲ	Ⅳ
2028	Ⅲ	Ⅳ	Ⅲ	Ⅲ	Ⅲ	Ⅳ	Ⅳ	Ⅲ	Ⅳ	Ⅲ	Ⅲ	Ⅳ
2029	Ⅲ	Ⅳ	Ⅲ	Ⅲ	Ⅲ	Ⅳ	Ⅳ	Ⅲ	Ⅳ	Ⅲ	Ⅲ	Ⅳ
2030	Ⅲ	Ⅲ	Ⅲ	Ⅲ	Ⅲ	Ⅳ	Ⅳ	Ⅲ	Ⅳ	Ⅲ	Ⅲ	Ⅳ

通过表 7－14～表 7－16 可以看出，科技型人才区域聚集不均衡的经济风险主要集中在中等风险等级和可能重大风险等级，各地均为未出现特别重大风险等级和低风险等级。

东部地区的科技型人才区域聚集不均衡的经济风险主要集中在中等风险等级。可能重大风险等级区域主要集中在海南、辽宁、河北和福建，这些东部省份的支柱经济产业为工业或旅游业，创新型企业较少，对于科技型人才的吸引力度不足，科技发展动力不足导致经济的可持续发展能力偏弱，因此经济风险在未来的时间有上升的趋势。北京在 2027 年前处于一般风险等级或中等风险等级，2027 年后持续处于可能重大风险等级，可见科技型人才区域聚集不均衡的拥挤效应可能出现，由科技型人才的大量聚集引起的虹吸效应进而带来拥挤效应，导致未来风险等级上升。其余省份仍基本维持在中等风险等级。

中部地区的科技型人才区域聚集不均衡的经济风险主要集中在可能重大风险等级，中部地区由于处在东西部的过渡地区，且自身拥有较好的地理位置条件，随着中部崛起战略的持续推进，中部地区产业结构在积极调整，各省份出台各项政策大力吸引人才，因此中部地区一些省域的经济、社会等各方面的发展状况均有可能改善，对于科技型人才的吸引力度均有可能提升，如江西、山西、湖北、吉林均在未来处在中等风险等级。中部其余省份的经济由于缺乏科技型人才的支撑，转型发展难度较大，经济发展结构均较单一，科技创新力不足，因此科技型人才区域聚集不均衡的经济风险发生的概率较大。

西部地区各省份主要处于中等风险等级，只有个别年份出现可能重大风险等级和特别重大风险等级，未出现低风险等级和一般风险等级。中西部地区受到国家政策的优惠，科技型产业发展不稳定，出现经济风险等级年份间的波动。陕西处于西北文化、教育、科技中心，以 2019 年为例，拥有 57 所高校，11.5 万 R&D 人才，13 个国家重点实验室，R&D 的经费投入强度为 2.27，拥有 3475 个科研项目，44101 项发明专利，远高于西部地区平均值，有较好的科研实力和科研环境，科学技术和高新技术产业发展潜力巨大，科技创新产业发展有较充沛的人才支撑，因此未来由可能重大风险等级转为中等风险等级。内蒙古依托自身煤炭等自然资源优势，经济发展的速度有可能提升，经济风险等级降低，但是科技风险较大，科技贡献率较低，以 2019 年为例，煤炭行业总产值 319.3 亿元，地区总产值为 17212.5 亿元，占地区生产总值的 18.6%，高新技术企业贡献率仅为 2.1%，尽管经济风险未来转为中等风险等级，但科技风险从 2008—2030 年持续处于可能重大风险等级或特别重大风险等级，可能出现产业结构低级化发展趋势，需要引起内蒙古的高度重视。广西虽属西部地区，但拥有自身的港口，拥有海运的经济发展优势，国家也大力扶持其北部湾经济区的建设，促进科技产业的发展，因此在未来由可能重大风险区域转为中等风险区域。贵州 2015 年后新建了 3 个国家级重点实验室，对于科技创新产业的扶持力度也逐年加大，以 R&D 的经费投入强度为例，2005—2019 年从 0.66 增长至 0.86，因此贵州的科技型人才区域聚集不均衡的经济风险在未来也逐渐转为中等风险等级。

7.4 基于 LSTM 的科技型人才区域聚集不均衡的社会风险评估

7.4.1 科技型人才区域聚集不均衡的社会风险 LSTM 模型训练

依据科技型人才区域聚集不均衡的科技风险的计算步骤，本节省略对于标签值的计算步骤展示，直接将涉及科技型人才区域聚集不均衡的社会风险的 2005—2019 年的我国 31 个省（自治区、直辖市）7 个指标的 3255 个指标数值以及 2005—2014 年的风险值作为标签值带入 PyCharm 软件，按照基于 LSTM 模型训练学习，可以得到基于 LSTM 模型的经济风险的训练集与真实值的对比如图 7 - 16 所示。

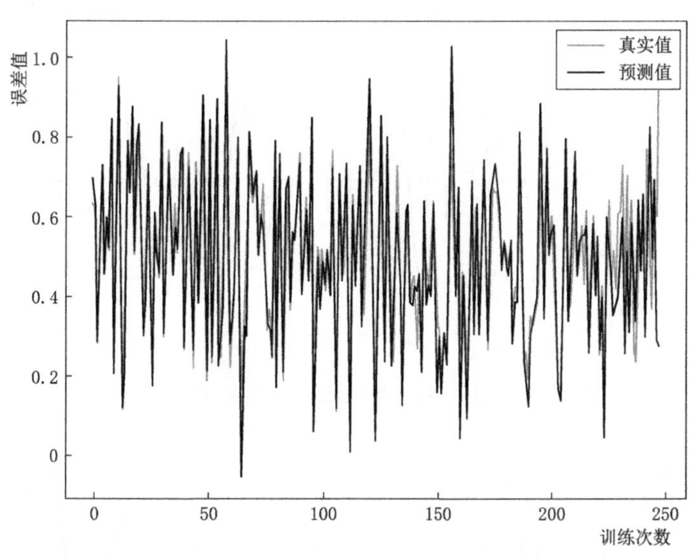

图 7 - 16 社会风险训练效果可视化

经过 600 次训练迭代，模型运行的误差变化如图 7 - 17 所示。

科技型人才区域聚集不均衡的社会风险测试集训练效果可视化如图 7 - 18 所示。

最终得到 2005—2019 年的科技型人才区域聚集不均衡的社会风险值，依据我国 31 个省（自治区、直辖市）2005—2019 年的社会风险值进行时间序列的 LSTM 模型预测，得到的训练集效果如图 7 - 19 所示。

基于 LSTM 模型的科技型人才区域聚集不均衡的经济风险时间序列预测模型的测试集效果可视化如图 7 - 20 所示。

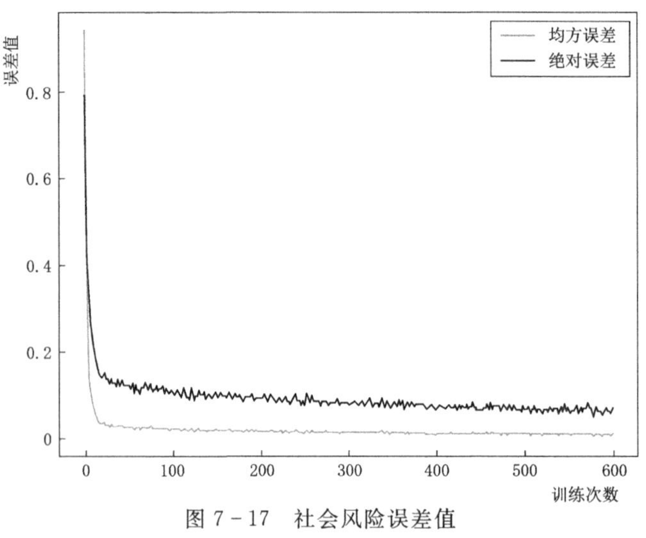

图 7-17 社会风险误差值

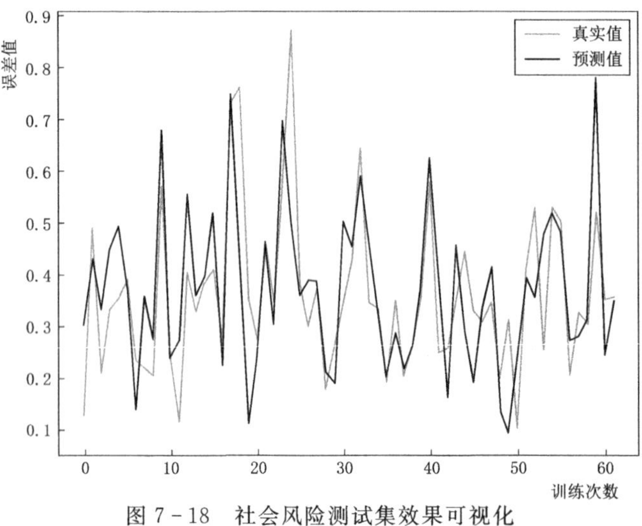

图 7-18 社会风险测试集效果可视化

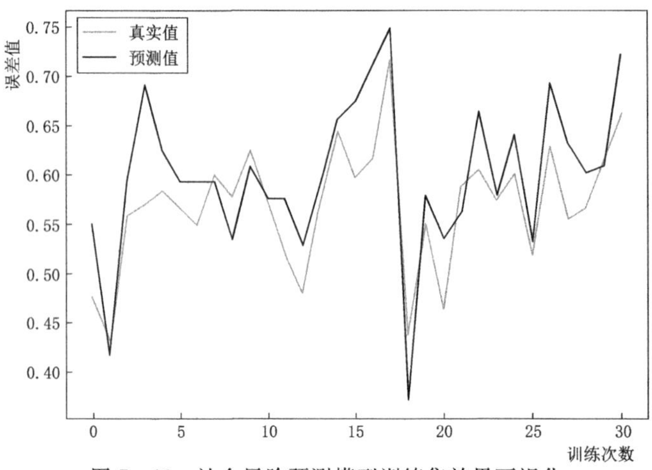

图 7-19 社会风险预测模型训练集效果可视化

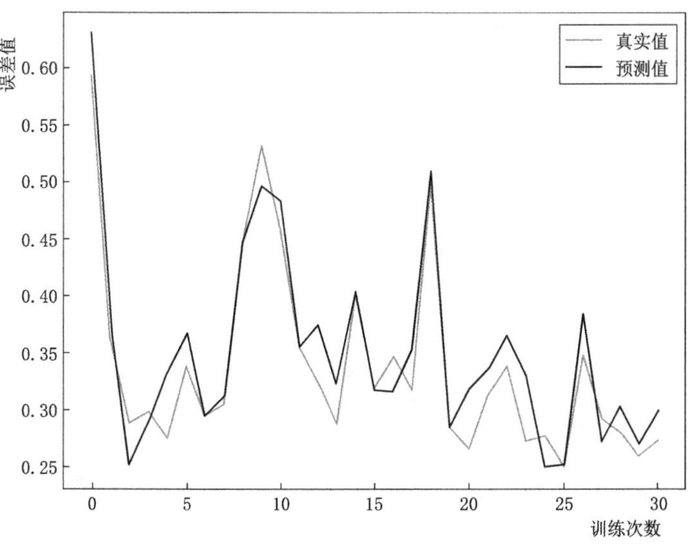

图7-20 社会风险预测模型测试集效果可视化

基于LSTM模型的科技型人才区域聚集不均衡的社会风险的时间序列模型经过80次训练后的误差变化如图7-21所示。随着训练次数的增加，模型的误差越来越小，趋近于0。

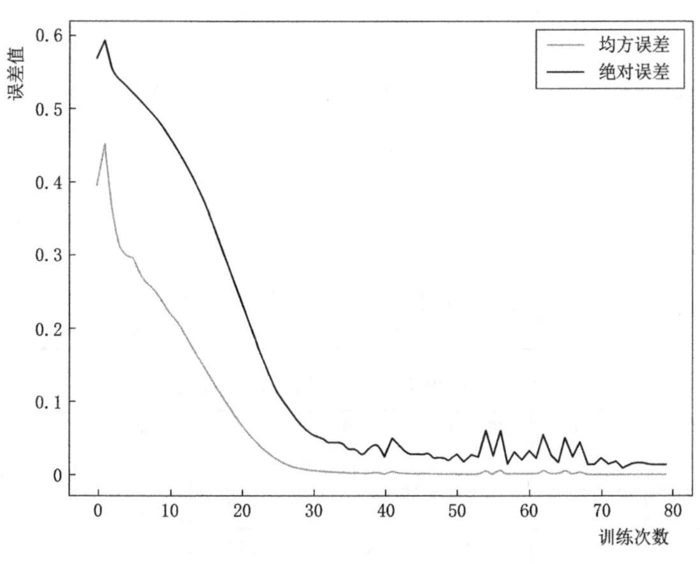

图7-21 社会风险预测模型误差值

7.4.2 科技型人才区域聚集不均衡的社会风险评估结果分析

基于LSTM模型训练计算得出的东部、中部、西部共31个省（自治区、直辖市）的2005—2030年的科技型人才区域聚集不均衡的社会风险评估值见表7-17～表7-19。

根据本书7.1对于风险等级划分标准，对科技型人才区域聚集不均衡的社会风险进行等级划分，得到2005—2030年各区域的社会风险等级见表7-20～表7-22。

表 7-17　　2005—2030 年东部地区的社会风险值

年份	北京	天津	河北	辽宁	上海	江苏	浙江	福建	山东	广东	海南
2005	0.47	0.47	0.56	0.47	0.39	0.58	0.47	0.49	0.58	0.57	0.54
2006	0.40	0.41	0.45	0.48	0.53	0.49	0.52	0.49	0.51	0.50	0.46
2007	0.47	0.46	0.51	0.53	0.51	0.46	0.55	0.51	0.52	0.48	0.52
2008	0.54	0.39	0.56	0.59	0.69	0.63	0.64	0.50	0.58	0.46	0.42
2009	0.51	0.44	0.57	0.56	0.60	0.56	0.63	0.49	0.65	0.45	0.47
2010	0.47	0.43	0.56	0.57	0.58	0.62	0.57	0.48	0.64	0.44	0.46
2011	0.61	0.36	0.38	0.61	0.42	0.34	0.45	0.40	0.25	0.31	0.39
2012	0.64	0.37	0.57	0.66	0.72	0.30	0.45	0.34	0.36	0.32	0.43
2013	0.63	0.41	0.61	0.60	0.50	0.34	0.44	0.38	0.44	0.27	0.43
2014	0.62	0.39	0.72	0.59	0.48	0.31	0.40	0.43	0.38	0.29	0.49
2015	0.66	0.41	0.70	0.58	0.48	0.47	0.47	0.49	0.38	0.47	0.29
2016	0.49	0.40	0.58	0.55	0.58	0.63	0.55	0.47	0.63	0.43	0.46
2017	0.51	0.41	0.54	0.55	0.59	0.63	0.54	0.44	0.66	0.43	0.41
2018	0.50	0.42	0.53	0.56	0.59	0.66	0.54	0.46	0.68	0.43	0.41
2019	0.49	0.42	0.52	0.56	0.60	0.66	0.54	0.46	0.69	0.41	0.40
2020	0.49	0.41	0.51	0.57	0.60	0.65	0.56	0.46	0.70	0.40	0.41
2021	0.49	0.40	0.50	0.59	0.60	0.66	0.55	0.46	0.72	0.39	0.41
2022	0.49	0.40	0.49	0.59	0.60	0.65	0.56	0.46	0.72	0.38	0.42
2023	0.50	0.38	0.49	0.60	0.59	0.65	0.55	0.46	0.73	0.37	0.41
2024	0.50	0.37	0.49	0.60	0.58	0.65	0.54	0.47	0.74	0.36	0.41
2025	0.50	0.35	0.49	0.59	0.57	0.65	0.53	0.47	0.75	0.34	0.40
2026	0.49	0.33	0.48	0.59	0.57	0.64	0.53	0.47	0.77	0.32	0.39
2027	0.49	0.31	0.48	0.59	0.56	0.63	0.52	0.47	0.79	0.30	0.38
2028	0.48	0.29	0.47	0.59	0.55	0.63	0.52	0.47	0.81	0.28	0.37
2029	0.48	0.27	0.47	0.59	0.55	0.62	0.53	0.46	0.83	0.26	0.36
2030	0.48	0.25	0.46	0.58	0.54	0.60	0.54	0.46	0.85	0.24	0.36

表 7-18　　2005—2030 年中部地区的社会风险值

年份	山西	吉林	黑龙江	安徽	江西	河南	湖北	湖南
2005	0.43	0.50	0.50	0.49	0.53	0.56	0.53	0.55
2006	0.46	0.49	0.52	0.50	0.48	0.50	0.49	0.58
2007	0.47	0.50	0.49	0.57	0.50	0.51	0.54	0.63
2008	0.55	0.46	0.53	0.46	0.48	0.63	0.63	0.73
2009	0.53	0.47	0.59	0.51	0.56	0.61	0.63	0.66
2010	0.57	0.55	0.60	0.52	0.57	0.60	0.62	0.72
2011	0.38	0.58	0.50	0.61	0.44	0.33	0.36	0.37
2012	0.51	0.43	0.50	0.35	0.45	0.30	0.38	0.33
2013	0.37	0.57	0.51	0.44	0.34	0.25	0.37	0.31

续表

年份	山西	吉林	黑龙江	安徽	江西	河南	湖北	湖南
2014	0.42	0.63	0.52	0.42	0.35	0.36	0.38	0.30
2015	0.39	0.56	0.58	0.40	0.37	0.41	0.38	0.31
2016	0.59	0.55	0.57	0.52	0.55	0.59	0.62	0.71
2017	0.61	0.52	0.57	0.50	0.57	0.60	0.60	0.71
2018	0.61	0.53	0.57	0.50	0.57	0.59	0.61	0.71
2019	0.61	0.53	0.57	0.50	0.59	0.60	0.61	0.72
2020	0.61	0.54	0.57	0.51	0.61	0.60	0.61	0.74
2021	0.60	0.54	0.57	0.52	0.59	0.60	0.61	0.76
2022	0.60	0.54	0.57	0.54	0.60	0.60	0.60	0.77
2023	0.60	0.54	0.57	0.55	0.59	0.59	0.59	0.78
2024	0.59	0.54	0.57	0.56	0.59	0.59	0.58	0.79
2025	0.58	0.55	0.57	0.57	0.59	0.58	0.57	0.79
2026	0.57	0.55	0.58	0.59	0.59	0.58	0.56	0.80
2027	0.56	0.55	0.58	0.61	0.61	0.58	0.55	0.81
2028	0.54	0.55	0.59	0.63	0.63	0.58	0.54	0.81
2029	0.52	0.55	0.59	0.65	0.65	0.57	0.53	0.82
2030	0.50	0.55	0.60	0.67	0.68	0.56	0.53	0.83

表7-19　2005—2030年西部地区的社会风险值

年份	内蒙古	广西	重庆	四川	贵州	云南	西藏	陕西	甘肃	青海	宁夏	新疆
2005	0.49	0.47	0.48	0.48	0.47	0.55	0.43	0.51	0.45	0.52	0.55	0.59
2006	0.50	0.46	0.52	0.57	0.53	0.52	0.53	0.52	0.43	0.41	0.47	0.48
2007	0.54	0.56	0.52	0.61	0.47	0.52	0.54	0.58	0.46	0.48	0.58	0.62
2008	0.59	0.50	0.69	0.63	0.61	0.64	0.49	0.59	0.57	0.52	0.58	0.64
2009	0.55	0.52	0.63	0.63	0.59	0.63	0.49	0.60	0.53	0.62	0.62	0.75
2010	0.58	0.55	0.59	0.61	0.57	0.60	0.52	0.63	0.55	0.57	0.61	0.66
2011	0.36	0.55	0.39	0.44	0.44	0.42	0.45	0.41	0.44	0.36	0.36	0.33
2012	0.38	0.46	0.38	0.42	0.45	0.44	0.40	0.40	0.43	0.37	0.39	0.38
2013	0.38	0.41	0.36	0.51	0.48	0.36	0.37	0.45	0.43	0.43	0.46	0.48
2014	0.39	0.36	0.33	0.44	0.44	0.44	0.39	0.43	0.43	0.39	0.41	0.41
2015	0.38	0.38	0.38	0.53	0.41	0.41	0.36	0.38	0.39	0.46	0.47	0.50
2016	0.59	0.56	0.60	0.64	0.59	0.60	0.53	0.65	0.57	0.60	0.56	0.65
2017	0.57	0.52	0.59	0.62	0.57	0.56	0.53	0.62	0.56	0.61	0.56	0.66
2018	0.60	0.52	0.59	0.62	0.60	0.55	0.51	0.65	0.57	0.60	0.55	0.67
2019	0.61	0.50	0.58	0.61	0.60	0.53	0.51	0.65	0.58	0.58	0.56	0.67
2020	0.61	0.50	0.58	0.60	0.61	0.53	0.50	0.67	0.60	0.57	0.56	0.67
2021	0.60	0.49	0.57	0.58	0.60	0.51	0.49	0.66	0.62	0.56	0.56	0.64
2022	0.60	0.49	0.55	0.56	0.59	0.49	0.48	0.66	0.64	0.54	0.56	0.62

续表

年份	内蒙古	广西	重庆	四川	贵州	云南	西藏	陕西	甘肃	青海	宁夏	新疆
2023	0.60	0.49	0.54	0.55	0.58	0.47	0.46	0.64	0.64	0.52	0.55	0.59
2024	0.60	0.48	0.52	0.54	0.57	0.45	0.44	0.63	0.65	0.51	0.54	0.57
2025	0.61	0.47	0.50	0.53	0.56	0.42	0.42	0.61	0.65	0.50	0.53	0.56
2026	0.61	0.46	0.48	0.52	0.56	0.40	0.39	0.60	0.65	0.49	0.53	0.54
2027	0.61	0.45	0.45	0.52	0.55	0.38	0.37	0.58	0.65	0.48	0.52	0.53
2028	0.62	0.44	0.43	0.51	0.55	0.35	0.34	0.57	0.65	0.48	0.51	0.52
2029	0.62	0.42	0.40	0.49	0.55	0.34	0.31	0.57	0.65	0.47	0.50	0.51
2030	0.63	0.42	0.37	0.48	0.55	0.32	0.29	0.56	0.65	0.47	0.49	0.50

表 7-20　　2005—2030 年东部地区的社会风险等级

年份	北京	天津	河北	辽宁	上海	江苏	浙江	福建	山东	广东	海南
2005	Ⅲ	Ⅲ	Ⅲ	Ⅲ	Ⅳ	Ⅲ	Ⅲ	Ⅲ	Ⅲ	Ⅲ	Ⅲ
2006	Ⅲ	Ⅲ	Ⅲ	Ⅲ	Ⅲ	Ⅲ	Ⅲ	Ⅲ	Ⅲ	Ⅲ	Ⅲ
2007	Ⅲ	Ⅲ	Ⅲ	Ⅲ	Ⅲ	Ⅲ	Ⅲ	Ⅲ	Ⅲ	Ⅲ	Ⅲ
2008	Ⅲ	Ⅳ	Ⅲ	Ⅲ	Ⅱ	Ⅱ	Ⅱ	Ⅲ	Ⅲ	Ⅲ	Ⅲ
2009	Ⅲ	Ⅲ	Ⅲ	Ⅲ	Ⅲ	Ⅲ	Ⅱ	Ⅲ	Ⅱ	Ⅲ	Ⅲ
2010	Ⅲ	Ⅲ	Ⅲ	Ⅲ	Ⅲ	Ⅱ	Ⅲ	Ⅲ	Ⅱ	Ⅲ	Ⅲ
2011	Ⅱ	Ⅳ	Ⅳ	Ⅱ	Ⅲ	Ⅳ	Ⅲ	Ⅳ	Ⅳ	Ⅳ	Ⅳ
2012	Ⅱ	Ⅳ	Ⅲ	Ⅱ	Ⅱ	Ⅳ	Ⅲ	Ⅳ	Ⅳ	Ⅳ	Ⅲ
2013	Ⅱ	Ⅲ	Ⅱ	Ⅲ	Ⅲ	Ⅳ	Ⅲ	Ⅳ	Ⅲ	Ⅳ	Ⅲ
2014	Ⅱ	Ⅳ	Ⅱ	Ⅲ	Ⅲ	Ⅳ	Ⅲ	Ⅲ	Ⅳ	Ⅳ	Ⅲ
2015	Ⅱ	Ⅲ	Ⅱ	Ⅲ	Ⅲ	Ⅲ	Ⅲ	Ⅲ	Ⅳ	Ⅲ	Ⅳ
2016	Ⅲ	Ⅲ	Ⅲ	Ⅲ	Ⅲ	Ⅱ	Ⅲ	Ⅲ	Ⅱ	Ⅲ	Ⅲ
2017	Ⅲ	Ⅲ	Ⅲ	Ⅲ	Ⅲ	Ⅱ	Ⅲ	Ⅲ	Ⅱ	Ⅲ	Ⅲ
2018	Ⅲ	Ⅲ	Ⅲ	Ⅲ	Ⅲ	Ⅱ	Ⅲ	Ⅲ	Ⅱ	Ⅲ	Ⅲ
2019	Ⅲ	Ⅲ	Ⅲ	Ⅲ	Ⅲ	Ⅱ	Ⅲ	Ⅲ	Ⅱ	Ⅲ	Ⅲ
2020	Ⅲ	Ⅲ	Ⅲ	Ⅲ	Ⅱ	Ⅱ	Ⅲ	Ⅲ	Ⅱ	Ⅳ	Ⅲ
2021	Ⅲ	Ⅲ	Ⅲ	Ⅲ	Ⅲ	Ⅱ	Ⅲ	Ⅲ	Ⅱ	Ⅳ	Ⅲ
2022	Ⅲ	Ⅳ	Ⅲ	Ⅲ	Ⅲ	Ⅱ	Ⅲ	Ⅲ	Ⅱ	Ⅳ	Ⅲ
2023	Ⅲ	Ⅳ	Ⅲ	Ⅲ	Ⅲ	Ⅱ	Ⅲ	Ⅲ	Ⅱ	Ⅳ	Ⅲ
2024	Ⅲ	Ⅳ	Ⅲ	Ⅲ	Ⅲ	Ⅱ	Ⅲ	Ⅲ	Ⅱ	Ⅳ	Ⅲ
2025	Ⅲ	Ⅳ	Ⅲ	Ⅲ	Ⅲ	Ⅱ	Ⅲ	Ⅲ	Ⅱ	Ⅳ	Ⅲ
2026	Ⅲ	Ⅳ	Ⅲ	Ⅲ	Ⅲ	Ⅱ	Ⅲ	Ⅲ	Ⅱ	Ⅳ	Ⅳ
2027	Ⅲ	Ⅳ	Ⅲ	Ⅲ	Ⅲ	Ⅱ	Ⅲ	Ⅲ	Ⅱ	Ⅳ	Ⅳ
2028	Ⅲ	Ⅳ	Ⅲ	Ⅲ	Ⅲ	Ⅱ	Ⅲ	Ⅲ	Ⅰ	Ⅳ	Ⅳ
2029	Ⅲ	Ⅳ	Ⅲ	Ⅲ	Ⅲ	Ⅱ	Ⅲ	Ⅲ	Ⅰ	Ⅳ	Ⅳ
2030	Ⅲ	Ⅳ	Ⅲ	Ⅲ	Ⅲ	Ⅱ	Ⅲ	Ⅲ	Ⅰ	Ⅳ	Ⅳ

表 7-21　　2005—2030 年中部地区的社会风险等级

年份	山西	吉林	黑龙江	安徽	江西	河南	湖北	湖南
2005	Ⅲ	Ⅲ	Ⅲ	Ⅲ	Ⅲ	Ⅲ	Ⅲ	Ⅲ
2006	Ⅲ	Ⅲ	Ⅲ	Ⅲ	Ⅲ	Ⅲ	Ⅲ	Ⅲ
2007	Ⅲ	Ⅲ	Ⅲ	Ⅲ	Ⅲ	Ⅲ	Ⅲ	Ⅱ
2008	Ⅲ	Ⅲ	Ⅲ	Ⅲ	Ⅲ	Ⅱ	Ⅱ	Ⅱ
2009	Ⅲ	Ⅲ	Ⅲ	Ⅲ	Ⅲ	Ⅱ	Ⅱ	Ⅱ
2010	Ⅲ	Ⅲ	Ⅱ	Ⅲ	Ⅲ	Ⅲ	Ⅱ	Ⅱ
2011	Ⅳ	Ⅲ	Ⅲ	Ⅱ	Ⅲ	Ⅳ	Ⅳ	Ⅳ
2012	Ⅲ	Ⅲ	Ⅲ	Ⅳ	Ⅲ	Ⅳ	Ⅳ	Ⅳ
2013	Ⅳ	Ⅲ	Ⅲ	Ⅲ	Ⅳ	Ⅳ	Ⅳ	Ⅳ
2014	Ⅲ	Ⅱ	Ⅲ	Ⅲ	Ⅳ	Ⅳ	Ⅳ	Ⅳ
2015	Ⅳ	Ⅲ	Ⅲ	Ⅲ	Ⅳ	Ⅲ	Ⅳ	Ⅳ
2016	Ⅲ	Ⅲ	Ⅲ	Ⅲ	Ⅲ	Ⅲ	Ⅱ	Ⅱ
2017	Ⅱ	Ⅲ	Ⅲ	Ⅲ	Ⅲ	Ⅲ	Ⅲ	Ⅱ
2018	Ⅱ	Ⅲ	Ⅲ	Ⅲ	Ⅲ	Ⅲ	Ⅱ	Ⅱ
2019	Ⅱ	Ⅲ	Ⅲ	Ⅲ	Ⅲ	Ⅲ	Ⅱ	Ⅱ
2020	Ⅱ	Ⅲ	Ⅲ	Ⅲ	Ⅱ	Ⅲ	Ⅱ	Ⅱ
2021	Ⅱ	Ⅲ	Ⅲ	Ⅲ	Ⅲ	Ⅱ	Ⅱ	Ⅱ
2022	Ⅱ	Ⅲ	Ⅲ	Ⅲ	Ⅲ	Ⅲ	Ⅲ	Ⅱ
2023	Ⅲ	Ⅲ	Ⅲ	Ⅲ	Ⅲ	Ⅲ	Ⅲ	Ⅱ
2024	Ⅲ	Ⅲ	Ⅲ	Ⅲ	Ⅲ	Ⅲ	Ⅲ	Ⅱ
2025	Ⅲ	Ⅲ	Ⅲ	Ⅲ	Ⅲ	Ⅲ	Ⅲ	Ⅱ
2026	Ⅲ	Ⅲ	Ⅲ	Ⅲ	Ⅲ	Ⅲ	Ⅲ	Ⅱ
2027	Ⅲ	Ⅲ	Ⅲ	Ⅱ	Ⅱ	Ⅲ	Ⅲ	Ⅰ
2028	Ⅲ	Ⅲ	Ⅲ	Ⅱ	Ⅱ	Ⅲ	Ⅲ	Ⅰ
2029	Ⅲ	Ⅲ	Ⅲ	Ⅱ	Ⅱ	Ⅲ	Ⅲ	Ⅰ
2030	Ⅲ	Ⅲ	Ⅲ	Ⅱ	Ⅱ	Ⅲ	Ⅲ	Ⅰ

表 7-22　　2005—2030 年西部地区的社会风险等级

年份	内蒙古	广西	重庆	四川	贵州	云南	西藏	陕西	甘肃	青海	宁夏	新疆
2005	Ⅲ	Ⅲ	Ⅲ	Ⅲ	Ⅲ	Ⅲ	Ⅲ	Ⅲ	Ⅲ	Ⅲ	Ⅲ	Ⅲ
2006	Ⅲ	Ⅲ	Ⅲ	Ⅲ	Ⅲ	Ⅲ	Ⅲ	Ⅲ	Ⅲ	Ⅲ	Ⅲ	Ⅲ
2007	Ⅲ	Ⅲ	Ⅲ	Ⅱ	Ⅲ	Ⅲ	Ⅲ	Ⅲ	Ⅲ	Ⅲ	Ⅲ	Ⅱ
2008	Ⅲ	Ⅲ	Ⅱ	Ⅱ	Ⅱ	Ⅱ	Ⅲ	Ⅲ	Ⅲ	Ⅲ	Ⅲ	Ⅱ
2009	Ⅲ	Ⅲ	Ⅱ	Ⅱ	Ⅲ	Ⅱ	Ⅲ	Ⅱ	Ⅲ	Ⅱ	Ⅱ	Ⅱ
2010	Ⅲ	Ⅲ	Ⅲ	Ⅱ	Ⅲ	Ⅱ	Ⅲ	Ⅱ	Ⅲ	Ⅲ	Ⅱ	Ⅱ
2011	Ⅳ	Ⅲ	Ⅳ	Ⅲ	Ⅲ	Ⅲ	Ⅲ	Ⅲ	Ⅲ	Ⅳ	Ⅳ	Ⅳ
2012	Ⅳ	Ⅲ	Ⅳ	Ⅲ	Ⅲ	Ⅲ	Ⅲ	Ⅲ	Ⅲ	Ⅳ	Ⅳ	Ⅳ
2013	Ⅳ	Ⅲ	Ⅳ	Ⅲ	Ⅲ	Ⅳ	Ⅳ	Ⅲ	Ⅲ	Ⅲ	Ⅲ	Ⅲ

续表

年份	内蒙古	广西	重庆	四川	贵州	云南	西藏	陕西	甘肃	青海	宁夏	新疆
2014	Ⅳ	Ⅳ	Ⅳ	Ⅲ	Ⅲ	Ⅲ	Ⅳ	Ⅲ	Ⅲ	Ⅳ	Ⅲ	Ⅲ
2015	Ⅳ	Ⅳ	Ⅳ	Ⅲ	Ⅲ	Ⅲ	Ⅳ	Ⅳ	Ⅳ	Ⅲ	Ⅲ	Ⅲ
2016	Ⅲ	Ⅲ	Ⅲ	Ⅱ	Ⅲ	Ⅱ	Ⅲ	Ⅱ	Ⅲ	Ⅲ	Ⅲ	Ⅱ
2017	Ⅲ	Ⅲ	Ⅲ	Ⅱ	Ⅲ	Ⅲ	Ⅲ	Ⅱ	Ⅲ	Ⅱ	Ⅲ	Ⅱ
2018	Ⅱ	Ⅲ	Ⅲ	Ⅱ	Ⅲ	Ⅲ	Ⅲ	Ⅱ	Ⅲ	Ⅱ	Ⅲ	Ⅱ
2019	Ⅱ	Ⅲ	Ⅲ	Ⅱ	Ⅱ	Ⅲ	Ⅲ	Ⅱ	Ⅲ	Ⅲ	Ⅲ	Ⅱ
2020	Ⅱ	Ⅲ	Ⅲ	Ⅱ	Ⅱ	Ⅲ	Ⅲ	Ⅱ	Ⅱ	Ⅲ	Ⅲ	Ⅱ
2021	Ⅱ	Ⅲ	Ⅲ	Ⅲ	Ⅲ	Ⅲ	Ⅲ	Ⅱ	Ⅱ	Ⅲ	Ⅲ	Ⅱ
2022	Ⅱ	Ⅲ	Ⅲ	Ⅲ	Ⅲ	Ⅲ	Ⅲ	Ⅱ	Ⅱ	Ⅲ	Ⅲ	Ⅱ
2023	Ⅲ	Ⅲ	Ⅲ	Ⅲ	Ⅲ	Ⅲ	Ⅲ	Ⅱ	Ⅱ	Ⅲ	Ⅲ	Ⅲ
2024	Ⅱ	Ⅲ	Ⅲ	Ⅲ	Ⅲ	Ⅲ	Ⅲ	Ⅱ	Ⅱ	Ⅲ	Ⅲ	Ⅲ
2025	Ⅱ	Ⅲ	Ⅲ	Ⅲ	Ⅲ	Ⅲ	Ⅲ	Ⅱ	Ⅱ	Ⅲ	Ⅲ	Ⅲ
2026	Ⅱ	Ⅲ	Ⅲ	Ⅲ	Ⅲ	Ⅳ	Ⅳ	Ⅲ	Ⅱ	Ⅲ	Ⅲ	Ⅲ
2027	Ⅱ	Ⅲ	Ⅲ	Ⅲ	Ⅲ	Ⅳ	Ⅳ	Ⅲ	Ⅱ	Ⅲ	Ⅲ	Ⅲ
2028	Ⅱ	Ⅲ	Ⅲ	Ⅲ	Ⅲ	Ⅳ	Ⅳ	Ⅲ	Ⅱ	Ⅲ	Ⅲ	Ⅲ
2029	Ⅱ	Ⅲ	Ⅲ	Ⅲ	Ⅲ	Ⅳ	Ⅳ	Ⅲ	Ⅱ	Ⅲ	Ⅲ	Ⅲ
2030	Ⅱ	Ⅲ	Ⅳ	Ⅲ	Ⅲ	Ⅳ	Ⅳ	Ⅲ	Ⅱ	Ⅲ	Ⅲ	Ⅲ

由表7-20～表7-22可知，我国31个省（自治区、直辖市）在2005—2030年，科技型人才区域聚集不均衡的社会风险主要集中在中等风险等级区域。

东部地区有66.4%的时间为中等风险等级，可能重大风险等级与一般风险等级均等比例出现。北京从2011年的低风险等级持续5年后，社会风险等级上升至中等风险等级并保持不变，是因为北京作为政治文化中心，拥有较多的就业机会和人文社科环境，但其房价居高不下，交通拥堵、户口限制等问题，不利于科技型人才的长期生活居住，可见科技型人才区域聚集不均衡的拥挤效应已经有所显现，并持续影响。天津、广东的社会风险等级在未来增至可能重大风险等级，由于天津主要依靠京津冀发展圈的带动，自身科技创新产业发展不足，导致人才外流，社会发展不稳定的可能性增加。广东虽然云集大量高科技企业以及较多的高科技科研院所，但其支柱产业还包含纺织服装的轻工业和建筑材料等重工业，因此科技人才大量聚集会进一步引起的更多人力资源的流入、生活成本的增加等，造成了城市负担加重，城市生活成本增加，为广东长远健康发展可能带来更高的风险，省内经济发展水平差距较大，城市的拥挤效应明显，社会发展相对不稳定的可能性增加。江苏、浙江近些年大力引进人才，采取了更加积极主动的人才引入政策，给予科技型人才买房摇号倾斜、科研补贴、子女入学、创业扶持等多方面政策优惠，同时，大力引入互联网等高科技产业，浙江近些年主动对接重大战略、重点产业和重大平台，大量引入以人工智能、生物医药、先进材料等领域的顶尖人才和青年人才，营造了更好的工作环境，社会发展活力增加，社会风险等级相对稳定较低。

中部地区在过去的15年间山西、江西、河南、湖北、湖南均出现可能重大风险等级，未来10年风险等级下调至中等风险或一般风险等级。由于中部地区各省份相较东部地区而言人口流动频率较低，依托其广袤平原的地域条件，社会冲突的负效应较不明显，因此未来并未出现重大风险等级。由于中部地区与东部地区经济发展差距的扩大，毗邻东部发达地区的不公平感知心理会加强，在冲突效应的影响下，容易引发科技型人才区域聚集不均衡的社会负效应，导致社会冲突增加，因此无论过去还是未来，也极少处于低风险等级。黑龙江、吉林从低风险等级上升至中等风险等级并在未来10年维持不变，风险等级的上升主要由于近些年黑龙江、吉林的经济风险等级处于可能重大风险等级概率较高，经济发展活力不足，人才和人口流失严重，再加上东北的相关环境对高新技术企业的发展有所影响，因此对于科技型人才的吸引力度难以提升，工业化转型效果并不明显，社会生态的发展形势不明朗，因此社会风险等级在未来呈提升的状态。

西部地区的科技型人才区域聚集不均衡的社会风险等级主要集中在中等风险等级区域。其中云南由于地处边境，三国接壤，少数民族占当地人口的1/3，地方的管理难度与社会的公正体系的复杂程度都是导致创新企业难以落户的原因，也是社会风险等级不降反升的重要影响因素，从产业结构角度看主要依靠旅游业的发展模式，导致该地区的社会风险等级整体从低风险等级上升至可能重大风险等级。内蒙古、甘肃从2015年的可能重大风险等级逐渐下降到2018年的低风险区域，并在未来10年持续处于低风险等级，主要得益于我国西部大开发战略的影响，自身就业发展态势良好，社会稳定发展，风险较低。西藏从2026年风险等级提升到可能重大风险等级后保持不变，与自身的社会结构和地理位置有密切的关联，其少数民族占九成以上，因此该地的民族冲突时有存在，科技型人才的安全问题也很难完全保证，这些冲突的负效应成为其社会风险在未来仍维持可能重大风险等级的重要原因。

7.5 不同模型的评估结果比较

7.5.1 不同模型的结果对比分析

为了说明本书算法在本案例中的研究效果，本节以科技型人才区域聚集不均衡的科技风险为例，将其他风险评估领域的常见算法与基于LSTM模型的科技型人才区域聚集不均衡的风险评估的结果进行对比。此处运用神经网络中常用的模型比较指标准确率（Accuracy）、精确率（Precision）、召回率（Recall）和综合评价指标（F - Score），将LSTM与风险评估中常用方法BP神经网络、支持向量机（SVM）方法进行对比试验，得到训练集和测试集上的试验结果见表7 - 23和表7 - 24。

表7 - 23　训练集各指标结果对比

指标	Accuracy	Precision	Recall	F - Score
LSTM	0.89	0.79	0.67	0.73
BP	0.57	0.58	0.61	0.59
SVM	0.52	0.44	0.49	0.46

表 7-24 测试集各指标结果对比

指标	Accuracy	Precision	Recall	F-Score
LSTM	0.62	0.86	0.79	0.82
BP 神经网络	0.47	0.52	0.54	0.53
SVM	0.47	0.45	0.58	0.51

以训练集结果为例，在基于相同数据的条件下，本书运用的 LSTM 算法进行的科技型人才区域聚集不均衡的科技风险评估的结果无论是测试集还是训练集均要好于其他传统方法。LSTM 的准确率比 BP 神经网络准确率提高了 15%，比 SVM 提高了 15%；LSTM 的精确率比 BP 神经网络提高了 34%，比 SVM 提高 41%；LSTM 的召回率比 BP 神经网络提高了 25%，比 SVM 提高了 21%；LSTM 的 F1 值比 BP 神经网络提高了 29%，比 SVM 提高了 31%。这说明在相同条件下，LSTM 模型能充分提取科技型人才区域聚集不均衡的风险的潜在本质特征，提高了对数据的关联分析，进而提高最终的风险评估能力。

7.5.2 利用深度学习进行特征选择的解释性分析

深度学习是一种端到端的学习算法，其本质是特征的选择。深度学习的特征选择能从原始数据或者特征中学习和选择出表达对象的本质特征，即区分度高的特征或者特征组合。正如在机器学习中，如果特征表达足够好，区分度足够高，则模型具有更好的分类能力；反之亦然。为了说明经过深度学习之后的特征表达较原始特征空间的表达形式更好，这里将特征以可视化的方式进行对比试验，分别对比不同方法之间对风险值的训练与预测结果，分别采样 100 个样本，最终得到的可视化结果如图 7-22～图 7-24 所示。

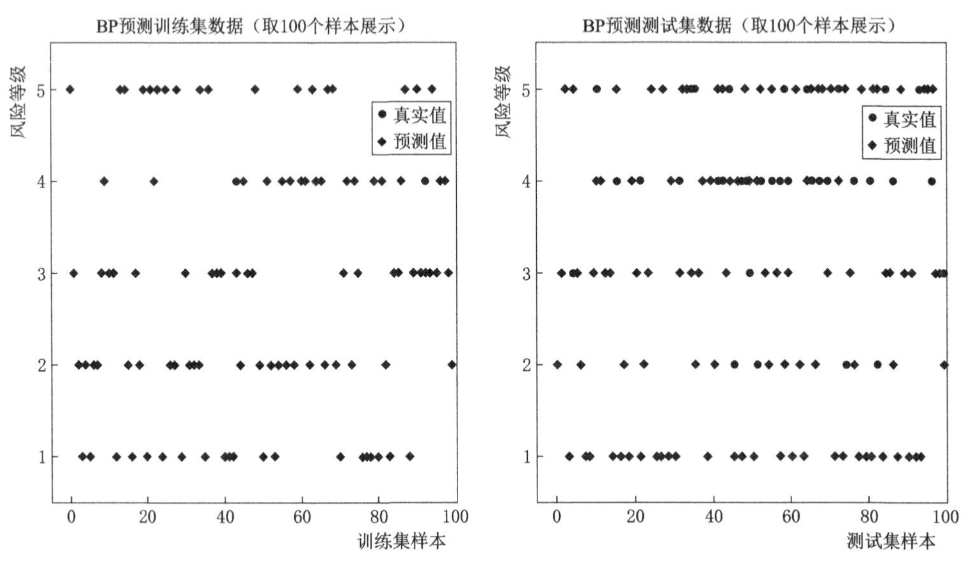

图 7-22 BP 神经网络采样可视化结果

综合以上结果可以看出，LSTM 无论在精确度、召回率、采样可视化结果等方面均优于其他方法，该预测模型具有准确性高、预测能力强等特点，能为之后采取相应的对策措施提供更有利的保障。

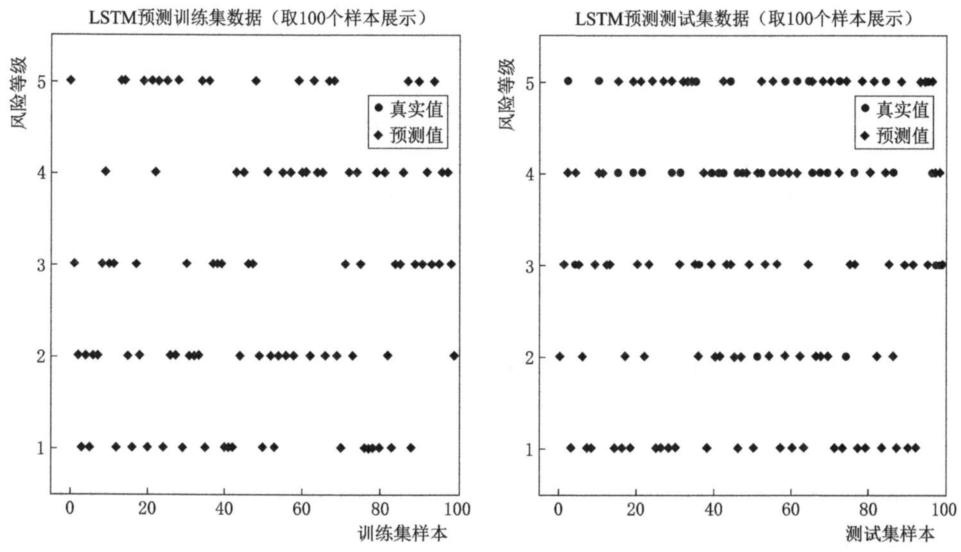

图 7-23　LSTM 采样可视化结果

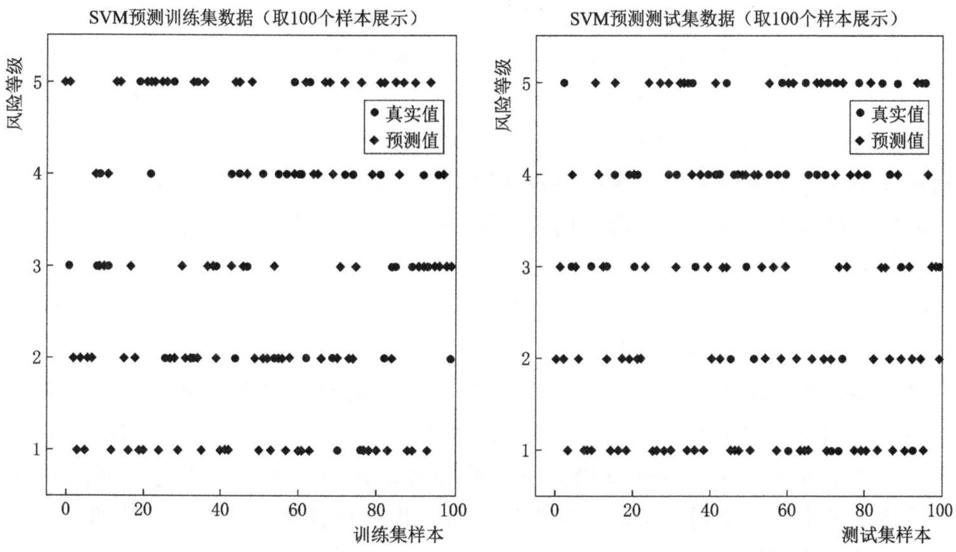

图 7-24　SVM 采样可视化结果

7.6　科技型人才区域聚集不均衡的风险防控对策与策略

科技型人才区域聚集不均衡的风险防控是指采取预防措施，以减小科技型人才区域聚集不均衡为区域发展带来损失发生的可能性及损失程度。为降低科技型人才聚集不均衡的风险，可从宏中观两个方面进行防控，制定相关策略。

7.6.1 树立全面风险防范意识，构建全域参与体系

从2005—2030年的科技型人才区域聚集不均衡的科技、经济、社会风险来看，无论是发达地区还是欠发达地区，均出现了重大风险等级，但科技型人才区域聚集不均衡的风险还没有被大家全面认可。因此，树立全面防控风险意识是非常必要的。首先，应通过各种媒体宣传这种风险产生的可能性及防控的必要性，使各省份政府能够积极参与风险防控，形成防控体系化，避免风险损失。其次，应按照风险等级和阶段，确定重点防控措施，由于科技型人才区域聚集不均衡风险具有阶段性，各省份政府应根据本省份所处的阶段和风险等级，有重点的采取措施进行防控。最后，建立相邻省份联防联控机制，齐心协力合作防控风险。

东部地区借由自身地理环境等的天然优势，继续发展科技产业，加大与其他地区的产业联动，加速增长极的扩散效应。中部地区要深刻落实产业转型的政策，依托好自身的资源优势，扬长避短吸引更多的科技型人才流入并长期驻扎，加强对科技产业的投入力度，提高对科研项目的扶持力度。西部地区继续提高改善民生基础设施，借由国家帮扶政策，对于已来到西部的科技型人才提供更多的可使其长期发展的扶持措施，做到留住人才。加强省域之间科技型人才现状、流向、流失数量、人才政策等方面的交流与沟通，共同分析人才流失的原因，应采取的措施等，协作防控科技型人才区域聚集不均衡所引致的风险。

7.6.2 正确认识相关风险的客观性，“因地制宜”地制定风险防控策略

从本章7.4、7.5、7.6的结果可以看出，我国科技型人才区域聚集不均衡的风险是客观存在的，但也是可控的，因此，在2030年前仍可适度执行区域不均衡发展战略的同时“因地制宜”地制定风险防控策略。

从科技型人才区域聚集不均衡的科技风险来看，山西从2007年开始，持续维持在可能重大风险等级以上，新疆、青海、内蒙古在2009年后持续维持在可能重大风险等级以上，海南、辽宁、河北、福建、吉林、黑龙江、江西、湖南、广西、重庆、贵州、云南、甘肃、陕西也在2015年后转为可能重大风险等级或特别重大风险等级，因此这些省份需结合自身特点，重点防控科技风险的发生。

从科技型人才区域聚集不均衡的经济风险来看，河南、安徽、黑龙江、云南、西藏2025年后持续处于可能重大风险等级，新疆、甘肃、福建、北京于2027年后风险等级处于可能重大风险等级，因此这些省份需重点防控经济风险的发生，大力发展高新技术产业，推动技术进步，创造科技型人才的发展平台，提升科技型人才的工资待遇，创造留住科技型人才的经济环境。

从科技型人才区域聚集不均衡的社会风险来看，广东2020年后均为可能重大风险等级，天津于2022年开始维持在可能重大风险等级，北京、青海、广西、上海、海南、重庆、云南、西藏2016年后为中等风险等级，因此这些省份需重点防控社会风险。

7.6.3 制定宏观人才调控政策，人才引进做到有的放矢

科技型人才作为我国人才中的稀缺资源，是各省份政府引进的重点对象，他们的无序流动，很容易形成科技型人才区域聚集不均衡。依据第4章中对我国科技型人才区域聚集状况的空间分析可知，我国现阶段科技型人才区域聚集东高西低的状况已经持续存在，且这种差距有愈演愈烈的趋势，因此国家应从宏观角度制定调控政策进行调控。

（1）制定高层次科技型人才的区域稳定政策。对院士、学科带头人、重点项目技术组织者、博导、知名教授、获得各种人才荣誉的杰出科技型人才，除了本地政府制定稳定政策外，中央政府也应制定稳定政策，鼓励他们在社会经济发展落后的省份扎根工作，退休后可由中央政府统一安排他们到东部地区发达省份安家休养。避免“流失一人，带走一个团队、垮掉一个学科、倒闭一个企业”的风险发生。

（2）制定科技型人才区域共享政策。对于一些紧缺专业或领域的特殊科技型人才，可实行区域共享政策，不要限制他们的户籍和省份，东部、中部、西部地区可分时、分阶段使用，使各区域都能使用他们的聪明才智，为各区域社会经济发展和科技进步服务。

（3）进一步完善东中西部人才“对口支援”政策。我国东部地区是人才聚集“高地”，中西部则是人才聚集“洼地”。东部地区对中部、西部地区实行人才“对口支援”政策，可以“削高补低”，缩小科技型人才区域聚集不均衡差距。尽管这一政策已经实施，并取得了良好效果，但仍然存在着政策不完善的地方。如对口支援期短，支援的人才层次低、积极性和主动性不够等。应适当延长对口支援期限，原则上每一期不少于3年，至于支援人才的生活和工作困难，中央和地方政府应明确各自帮助任务并确实给予解决，使他们能够安心地从事帮扶工作。今后，对口支援的重点：一是理工科高校相关专业的对口支援，使东部地区帮助西部地区培养科技型人才；二是科技与工程项目的对口支援，要实行重大的科技攻关项目对口支援；三是科技型人员质量提升的对口支援，要把东部地区的高层次科技型人才派到中西部地区，带领团队，提升中西部地区青年科技型人才的质量。

（4）制定适当限制东部地区随意“挖人”政策。尽管人才流动是市场机制运行的必然结果，但中央政府应充分发挥政府的干预机制。科技型人才区域聚集不均衡的风险的形成，既有市场机制作用的结果，又有东部地区充分利用自己的优势向中西部地区随意“挖人”的结果。对中西部地区高端科技型人才的流向，中央政府应该适当进行管控，如向东部地区流动，实行比例报批制，即每3年只允许较小比例流动，同时，要求东部地区向中西部地区缴纳一定培养金，作为中西部地区人才培育基金，用作后继人才的培养。以缩小东中西部地区科技型人才区域聚集不均衡的差距，防控其引发的风险。

（5）鼓励东部地区将高端科技型人才的引进重点转向海外人才市场。北京、上海、广州、深圳等东部城市，应充分利用其政治、经济、文化、金融、科技中心的地位和优势，积极加入国际人才市场的竞争，把海归人才作为引进重点，尽量减少与中西部地区“争饭吃”。

7.6.4 加大对中西部地区科技创新的投入，稳定科技队伍

科技型人才区域聚集的不平衡受很多因素影响，从风险识别中可知，风险因素分为科技因素、经济因素和社会因素，因此缩小中西部地区与东部地区的在科技、经济、社会各方面的发展差距是解决问题的根本措施。因此从科技因素来说，缩小东中西部科技型人才区域聚集差距，防控由此引致的风险，加大科技创新投入是十分必要的。中西部地区科技型人才向东部流动，既有经济利益追逐的原因，又有流出地科技投入不足、无事可干、自我价值难以实现的原因。中西部地区各级政府和企业都应加大科技创新投入力度，出台优惠政策，积极吸引外部资金，支持高附加值产品研发，吸引科技型人才快做事、做好事，并给予较为丰厚的薪资待遇，使他们能够愿意工作、安心工作、乐于工作，避免人才无为

流失。

科研单位或企业应加大对科研创新奖励措施的力度，对于专利申请、科研项目申请等给予鼓励措施，增加区域间交流合作的机会与渠道，鼓励欠发达地区的科技型人才更加积极参与。

政府部门应优化人才相关“软环境”。针对人才引进或人才服务事项争取做到更加的便捷，例如可以推动“一网通办”，增加人才对于社会服务的体验好感。对于人才服务的项目运行，也可以引入市场化运作机制，鼓励人才银行建设。组建人才企业上市服务联盟，推出人才创业支持保险，为人才创业提供多元化的服务，并鼓励全民创业，加强科技成果转化。

7.6.5 加快中西部地区发展，缩小区域间差异

从经济方面来说，将中部崛起战略、西部大开发战略、东北振兴战略、区域协调战略继续落实到位。中部崛起战略、西部大开发战略、东北振兴战略实施了20年，虽然取得了一定成效，但仍然没有完全落实到位，有些领域已经停止这些战略的实施。本书认为，这几项战略是一个长期战略任务，在东中西部地区发展差距巨大并有扩大趋势的情景下，还应继续实施。只有这样，才能从根本上缩小中西部地区与东部地区经济发展的差距，解决科技型人才区域聚集不均衡问题。

制定产业区域帮扶政策，缩小东中西部地区产业差距。中西部地区与东部地区经济发展的差距，实际上是体现在产业和经济结构发展速度、水平、质量、效益上。中西部地区产业结构，往往是以资源型产业或传统产业为支柱的产业结构，产业结构低级化的特征非常明显，产业的附加值都比较低。科技型人才的存在、发展及价值体现都是依附于科技进步和产业结构优化上。没有科研项目和高新技术产业发展及传统产业提质升级，科技型人才所拥有的专业知识和技术就没有“用武之地”。现阶段，在中西部地区资金、人才及其他资源都非常有限的情况下，很难依靠一己之力完成产业结构提质升级和高新技术产业快速发展。东部地区应发挥优先发展所积累起来资金、人才、技术、经验等优势，帮扶中西部地区传统产业升级和高新技术产业发展，使它们拥有“造血功能”，从根本上缩小区域经济差距及引发的科技型人才区域聚集差距，减少区域经济发展不协调风险。

在中西部地区科技型人才区域聚集不均衡风险的影响因素中，影响最大的为人均GDP和人均可支配收入的差异。因此，为了更好地平衡区域科技型人才的数量与质量，要逐步缩小东部地区与中西部地区科技型人才的报酬差异。中央财政可以通过地区岗位津贴形式对中西部地区科技型人才给予薪酬补助，鼓励他们在中西部地区工作。建立区域均衡的财政转移制度，根据地区间财力差异状况，调整完善中央对地方一般性转移支付办法，加大均衡性转移支付力度。

7.6.6 加大中西部地区社会保障投入，完善社会保障体系

科技型人才区域聚集不均衡产生的一个重要原因之一在于社会保障发展的区域差异，没有起到解决人才后顾之忧的作用。因此需要完善欠发达地区的基本公共服务，提升欠发达地区的公共服务保障能力。为更好地吸引优秀人才落户中西部地区，在基本公共服务领域，首先，政府需要深入推进财政划分改革，进一步完善转移支付体系，将财政资金更多地投向贫困地区、人才匮乏地区，逐步建立起保障有力的基本公共服务制度体系和保障机

制；其次，中央和地方政府应加大对中西部地区的公共投入，改善住房、教育、医疗、公共交通设施、养老保险等社会服务和保障体系，平衡基础教育资源，让科技型人才在中西部地区可以享受到良好的社会服务；最后，加快建立医疗卫生、就业保险等基本公共服务跨区域流转制度，强化跨区域基本公共服务的统筹合作，提供优质的社会服务，增强科技型人才对社会优质服务的满足感，安心在中西部地区从事科技创新工作。

7.7 本章小结

首先，基于科技型人才区域聚集不均衡的风险特征，根据风险评估指标体系构建了科技型人才区域聚集不均衡的风险评估模型。运用 Vague 集的 TOPSIS 方法计算出各地区风险值，作为 LSTM 模型训练的标签值进行训练，经过迭代计算，得出各地区科技型人才区域聚集不均衡的风险值。将风险值作为预测的训练集，运用 LSTM 的时间序列预测模型，对科技型人才区域聚集不均衡的风险值进行预测。其次，依据 LSTM 评估结果得出我国科技型人才区域聚集不均衡的风险整体处于可控阶段，其中科技风险主要处于可能重大风险和特别重大风险等级，经济风险主要处于中等风险和可能重大风险等级，社会风险主要处于中等风险等级。再次，基于 LSTM 的风险评估模型无论从准确度、精确度、召回率等各方面的评估效果均优于其他神经网络模型，该方法与风险评估常用方法 BP 神经网络和 SVM 相比较，实证结果表明，该模型具有较好的风险评估性能和较高的预测精度。最后，根据科技型人才区域聚集不均衡的风险评估结果，从宏观和中观角度提出构建全域参与的风险防范体系，“因地制宜”制定风险防控策略，制定宏观人才调控政策、加快中西部地区经济发展、加大中西部地区社会保障措施的投入、加大对中西部地区科技创新的投入等对策建议。

第 8 章

研究结论与展望

8.1 研究结论

本书以我国科技型人才区域聚集不均衡的风险为研究对象，探究其背后隐藏的科技、经济、社会风险，并依据风险识别、风险分析、风险评价的流程进行系统性研究。主要研究成果如下：

（1）科技型人才区域聚集不均衡的风险是存在的，不同地区的科技、经济和社会风险等级不同。依据 LSTM 评估结果得出我国科技型人才区域聚集不均衡的科技风险主要处于可能重大风险和特别重大风险等级，经济风险主要处于中等风险和可能重大风险等级，社会风险主要处于中等风险等级。

（2）科技型人才区域聚集不均衡的风险整体可控，区域不均衡发展的战略在未来一定时期内仍可以适度实施。通过对科技型人才区域聚集不均衡的风险进行评估分析可知，科技型人才区域聚集不均衡的风险已经对科技、经济、社会的发展产生了负向效应，但风险仍处于可控阶段，因此以东部地区为增长极的区域不均衡发展战略在未来仍可适度实施。

（3）科技型人才区域聚集时空特征分析结果表明：我国科技型人才区域聚集不均衡会随时间演进不断加深。这种发展趋势会造成我国低聚集区域科技创新能力不足，人才流失严重，经济发展缓慢，各种冲突凸显。低聚集区域经济发展后劲不足，经济结构调整难度加大，各区域经济政策落地困难等负向影响；区域社会冲突发生的概率增加，全国人口两极化发展、高聚集地区的城市生活负担加重，自然环境承载能力降低，区域负效应渐现。

（4）我国科技型人才空间分布呈现出以东部地区为核心，中西部地区为外围的科技型人才空间聚集格局。科技型人才的空间聚集具有以下特征：首先，空间聚集不均衡，东部地区科技型人才聚集度高，中西部地区科技型人才聚集度低；其次，随着时间演变，这种不均衡的趋势在加剧，东部地区的科技型人才聚集度逐步提升，而中西部地区的科技型人才聚集度相对下降，东中西部差距进一步拉大；最后，科技型人才的聚集具有空间依赖性，空间聚集模式以高-高类型（东部发达省份）和低-低类型（西部欠发达省份）为主，且随着时间变化而动态演化。科技型人才分布具有一定的空间聚集特征，同时，莫兰指数整体有所上升，表明科技型人才的空间相关性增加。

（5）科技型人才区域聚集不均衡与我国的科技、经济、社会的发展均有空间相关性。

科技型人才区域聚集不均衡程度的加剧会降低宏观生产要素的配置效率，对本地区以及其他地区均产生空间抑制效应。科技型人才区域聚集不均衡在一定程度和时间内会对地区发展带来一定的正向效应，但是不均衡程度的持续加剧会产生区域科技及社会经济发展的“马太效应”和“蝴蝶效应”，出现区域间系统性不协调发展的“变数”，增加区域系统性风险。

（6）科技型人才区域聚集有空间性、规模性、正负效应并存性、非均衡性、网络性、高成本性、高收益性、开放性、适度性和共享性的特征，能产生信息共享效应、知识溢出效应、创新效应、蝴蝶效应、竞争与激励效应和动态效应的经济效应，以及规模非经济效应、拥挤效应和回流效应的非经济效应。科技型人才区域聚集不均衡会产生增长极效应、扩散效应和虹吸效应的经济效应，还有极化效应、马太效应、回波效应和拥挤效应的非经济效应。

（7）科技型人才区域聚集不均衡的风险识别从科技、经济、社会三方面进行，最终识别出我国科技型人才区域聚集不均衡的风险因素共有 50 个，其中包含 15 个科技风险因素、16 个经济风险因素和 19 个社会风险因素。基于风险因素，运用粗糙集属性约简进行指标优化，得到科技型人才区域聚集不均衡的风险评估的指标体系，包含 7 个科技风险因素、5 个经济风险因素和 7 个社会风险因素。

（8）LSTM 风险模型的风险评估结果较其他方法可靠。运用深度学习方法挖掘数据特征，自主形成更加有效的特征组合。将深度学习模型与科技型人才区域聚集不均衡的风险评估相结合，运用 LSTM 网络对科技型人才区域聚集不均衡的风险进行评估，输出风险值及预测结果，通过对比 LSTM 模型与风险评估常用方法 BP 神经网络和 SVM 的比较，无论是精确度、正确率、召回率，还是综合评价指标，LSTM 模型均优于其他风险评估模型。

8.2 研究展望

本书探索性地将深度学习方法运用于科技型人才区域聚集不均衡的风险评估的研究之中，虽然取得了一些进展，但作为一个刚刚涉及的新领域，由于受到主观上的能力局限和客观上的资源约束，利用多种模型对关键问题进行探讨时，其结果的前瞻性有待于进一步研究。再加上本书作者学识尚浅、能力有限，对研究路线的设计还需要进一步科学规划。通过对研究过程、方法的回顾和思考，本书认为未来对科技型人才区域聚集不均衡的风险研究，可从以下几个方面进一步开展：

（1）在今后的研究中，应加强对区域科技型人才需求量的预测分析，并在此基础上，预测科技型人才区域聚集不均衡在未来发生的风险及评估。

（2）在今后的研究中，对于科技型人才区域聚集不均衡的风险分析应该更加综合考量各个因素，以便使研究结果更加可靠。

（3）进一步加强对科技型人才区域聚集不均衡的风险机理分析的深度和系统研究，增强理论说服力。

参考文献

[1] 牛冲槐，高祖艳，王娟. 科技型人才聚集环境评判及优化研究 [J]. 科学学与科学技术管理，2007 (12)：127 - 133.

[2] 孔德玉. 高校科技队伍的可持续发展问题研究 [J]. 科学管理研究，1998 (3)：11 - 13.

[3] Bassioni A，Niyukuri. Entice Africa's Scientists to Stay [J]. Nature，2016，535 (7611)：231.

[4] 候纯光，杜德斌，刘承良，等. 全球留学生留学网络时空演化及其影响因素 [J]. 地理学报，2020，75 (4)：681 - 694.

[5] Beine M，Docquier F，Rapoport H. Brain Drain and Economic Growth：Theory and Evidence [J]. Journal of Development Economics，2001，64 (1)：275 - 89.

[6] Daniel S. Resource Shocks and Human Capital Stocks - Brain Drain or Brain Gain? [J]. Journal of Development Economics，2017，127：250 - 68.

[7] 王寅秋，罗晖，李正风. 基于系统辨识的全球科技领军人才流动网络化模型研究 [J]. 系统工程理论与实践，2019，39 (10)：2591 - 2600.

[8] 姚蓉，严良. 我国科技人才流动的现状、原因及发展趋势 [J]. 科技进步与对策，2003 (2)：107 - 109.

[9] 朱军文，李亦赢. 国外科技人才国际流动问题研究 [J]. 科学学研究，2016，34 (5)：697 - 703.

[10] 魏浩，王宸，毛日昇. 国际间人才流动及其影响因素的实证分析 [J]. 管理世界，2012 (1)：33 - 45.

[11] 田瑞强，姚长青，袁军鹏，等. 基于履历信息的海外华人高层次人才成长研究：生存风险视角 [J]. 中国软科学，2013 (10)：59 - 67.

[12] Etleva G，Lindita M. Migration of The Skilled from Albania：Brain Drain or Brain Gain? [J]. Journal of Balkan and Near Eastern Studies，2011，13 (3)：339 - 356.

[13] Zhou M，Murphy R，Tao R. Effects of Parents' Migration on the Education of Children Left Behind in Rural China [J]. Population and Development Review，2014，40 (2)，273 - 292.

[14] 朱英，郑晓齐，章琰. 中国科技创新人才的流动规律分析——基于国家"万人计划"科技创新领军人才的实证研究 [J]. 中国科技论坛，2020 (3)：166 - 173.

[15] 赵晨，薛晔，牛冲槐，等. 我国科技人才空间聚集及时空异质性研究 [J]. 统计与决策，2020，36 (14)：60 - 64.

[16] 黄海刚，曲越，连洁. 中国高端人才过度流动了吗？——基于国家"杰青"获得者的实证分析 [J]. 中国高教研究，2018，38 (1)：56 - 61.

[17] 王修来，崔国才，张敏. 非均衡视角下区域人才结构的冲突与化解——以长三角地区为例 [J]. 科技管理研究，2009 (2)：222 - 225.

[18] 纪建悦，朱彦滨. 基于面板数据的我国科技型人才流动动因研究 [J]. 人口与经济，2008，170 (5)：32 - 38.

[19] 周桂荣，杜卓. 我国科技人才区域分布存在的问题及对策 [J]. 天津师范大学学报（社科版），2005 (6)：19 - 24.

[20] Yang Z，Yuanzhi G，Yansui L. High - level Talent Flow and Its Influence on Regional Unbalanced Development in China [J]. Applied Geography，2018，91：89 - 98.

[21] 田瑞强，姚长青，潘云涛，等. 基于履历数据的海外华人高层次科技人才流动研究：社会网络分

析视角［J］. 图书情报工作，2014，58（19）：92－99.

［22］ 牛冲槐，接民，张敏，等. 人才聚集效应及其评判［J］. 中国软科学，2006（4）：118－123.

［23］ Zweig S，Huiyao. Domestic Resistance and Reverse Migration of High－level Talent to China［J］. Journal of Contemporary China，2020，125：776－791.

［24］ Michael F，Grit F. Innovation Regional Knowledge Spillovers and R&D Cooperation［J］. Research Policy，2004，33：245－255.

［25］ Gu H，Francisco R，Liu Y，et al. Geography of Talent in China During 2000—2015［J］. Chinese Geographical Science. 2021，31（2）：297－312.

［26］ Hao W，Ran Y，Laixun Z. International Talent Inflow and R&D Investment：Firm－level Evidence from China［J］. Economic Modelling. 2020，89：32－42.

［27］ Sheng，K，Wang，R，Liu S，Fang Z. On Effect of Qualified Scientists and Technicians Gathering［C］. IEEE International Conference on Systems Man and Cybernetics Conference Proceedings. 2009：1548－1559.

［28］ Schiff M. North－South Trade－related Technology Diffusioon and Productivity Growth：Are Small States Different?［J］. International Economic Journal，2013，27（3）：399－414.

［29］ Xiaojing L. Thoughts on Talent Gathering under the Background of Ecological Protection and High Quality Development in the Yellow River Basin［J］. Open Journal of Social Sciences，2011，09：378－387.

［30］ Glaeser E. Are Cities Dying? Journal of Economic Perspectives［J］. 1998，12（2）：139－160.

［31］ Romer PM. Increasing Returns and Long－run Growth［J］. Journal of Political Economy. 1986，94（5）：1002－37.

［32］ Florida R. The Economic Geography of Talent［J］. Annals of The Association of American Geographers. 2002，92（4）：743－755.

［33］ 牛冲槐，杜弼云，牛彤. 科技型人才聚集对智力资本积累与技术创新影响的实证分析［J］. 科技进步与对策，2015，32（10）：145－150.

［34］ 徐彬，吴茜. 人才集聚、创新驱动与经济增长［J］. 软科学，2019，33（1）：19－23.

［35］ 季小立，浦玉忠. 产业创新背景下区域人才集聚效应及管理跟进——以江苏为例［J］. 现代经济探讨，2017（4）：72－76.

［36］ 芮雪琴，牛冲槐，陈新国，等. 创新网络中科技人才聚集效应的测度及产生机理［J］. 科技进步与对策，2011，28（18）：146－152.

［37］ 贺勇，廖诺，张紫君. 我国省际人才集聚对经济增长的贡献测算［J］. 科研管理，2019，40（11）：247－256.

［38］ 杨芝. 科技人才集聚与经济发展水平的互动关系——以湖北省为例［J］. 理论月刊，2011（3）：77－80.

［39］ 牛冲槐，张帆，封海燕. 科技型人才聚集、高新技术产业聚集与区域技术创新［J］. 科技进步与对策. 2012，29（15）：46－48，50－51.

［40］ Lucie C，Meng－Hsuan C. Defining "Talent"：Insights from Management and Migration Literatures for Policy Design［J］. Policy Studies Journal，2019，47：819－848.

［41］ Frederick P. Natural Resources：Curse or blessing?［J］. Journal of Economic Literature，2011，49（2）：366－420.

［42］ Wei H，Junjian Y，Junsen Z. Brain Drain，Brain Gain，and Economic Growth in China［J］. China Economic Review 2016，38：322－337.

［43］ Irina B. Brain Drain or Circular Migration：the Case of Romanian Physicians［J］. Procedia Economics and Finance，2015，32：649－656.

[44] 郑巧英，王辉耀，李正风. 全球科技人才流动形式、发展动态及对我国的启示 [J]. 科技进步与对策，2014，31 (13)：150 - 154.

[45] 石凯，胡伟. 海外科技人才回流动因、规律与引进策略研究 [J]. 中国人力资源开发，2006 (2)：23 - 26.

[46] 周建中，闫昊，孙粒. 我国科研人员跨国流动的影响因素与问题研究 [J]. 科学学研究，2017，35 (2)：247 - 254.

[47] 赵曙明，李乾文，张戌凡. 创新型核心科技人才培养与政策环境研究——基于江苏省 625 份问卷的实证分析 [J]. 南京大学学报 (哲学. 人文科学. 社会科学版)，2012，49 (3)：49 - 57.

[48] 纪建悦，朱彦滨. 基于面板数据的我国科技型人才流动动因研究 [J]. 人口与经济，2008，170 (5)：32 - 38.

[49] 郭洪林，甄峰，王帆. 我国高等教育人才流动及其影响因素研究 [J]. 清华大学教育研究，2016.37 (1)：69 - 77.

[50] 徐倪妮，郭俊华. 科技人才流动的宏观影响因素研究 [J]. 科学学研究，2019.37 (3)：414 - 421.

[51] 何洁，王灏晨，郑晓瑛. 高校科技人才流动意愿现况及相关因素分析 [J]. 人口与发展，2014，20 (3)：24 - 33.

[52] 黄海刚，曲越，连洁. 中国高端人才过度流动了吗？——基于国家"杰青"获得者的实证分析 [J]. 中国高教研究，2018，38 (1)：56 - 61.

[53] 谢荣艳，葛鹏. 基于组织层面的科研机构人员流动影响因素研究 [J]. 中国科技论坛，2017 (1)：129 - 125.

[54] 徐茜. 基于环境匹配的人才流动研究 [J]. 中国人口・资源与环境，2010，20 (1)：167 - 170.

[55] 张同全，高建丽. 胶东半岛科技型人才流动意愿 [J]. 中国科技论坛，2012 (7)：127 - 132.

[56] Kennedy F. On the Move：Management Relocation in the Hospitality Industry [J]. Cornell Hotel and Restaurant Administration Quarterly，1999，40 (2)：60 - 68.

[57] Mao G，Hu B，Song H. Exploring Talent Flow in Wuhan Automotive industry cluster at China [J]. International Journal of Production Economics，2007，122 (1)：395 - 402.

[58] Wang Z. Does Air Pollution Affect the Accumulation of Technologically Innovative Human Capital? Empirical Evidence from China and India [J]. Journal of Cleaner Production. 2016，25：124 - 128.

[59] Sorana T，María Villares - Varela. The Role of Migration Policies in the Attraction and Retention of International Talent：The Case of Indian Researchers [J]. Sociology，2019，53 (1)：52 - 68.

[60] Irene B，Alicia S. Understanding Membership in A World of Global Migration：(How) Does Citizenship Matter? [J]. International Migration Review，2017，51 (4)：823 - 867.

[61] Klaus N. The Gift of Global Talent：How Migration Shapes Business，Economy & Society [J]. Regional Studies，2019，53 (11)：1646 - 1646.

[62] Peter H，Klaus Nowotny. Moving Across Borders：Who is Willing to Migrate or to Commute? [J]. Regional Studies，2013，47 (9)：1462 - 1481.

[63] Lucie C，Mengsuan C. Defining "Talent"：Insights from Management and Migration Literatures for Policy Design [J]. Policy Studies JournalVolume，2019，47：819 - 848.

[64] Anne G，Terence H. Attracting the Best Talent in the Context of Migration Policy Changes：The Case of the UK [J]. Journal of Ethnic and Migration Studies，2017，43：2806 - 2824.

[65] Williams C，Young P，Smith M. Risk Management and Insurance [M]. London：Harper Collins，1997.

[66] 伊莱恩. 风险管理：软件系统开发方法 [M]. 北京：清华大学出版社，2002.

[67] Mark S. Accident and Design -- Contemporary Debates in Risk Management [J]. Structural Safety，1998，20 (1)：111 - 112.

[68] Crandall K C. Systematic Risk Management Approach for Construction Projects [J]. Journal of Construction Engineering and Management，1990，116 (3)：533 - 546.

[69] Boehm B W. Software Risk Management：Principles and Practices [J]. Software，1991，8 (1)：32 - 41.

[70] Pidgeon N F. Safety Culture and Risk Management in Organizations [J]. Journal of Cross - cultural Psychology，1991，22 (1)：129 - 140.

[71] 风险管理、风险评估技术　GB/T27921—2023 [S]. 北京：中国标准出版社，2023.

[72] 许晖，邹慧敏. 基于股权结构的跨国经营中关键风险识别、测度与治理研究 [J]. 管理学报，2009，6 (5)：684 - 692.

[73] 张友棠，黄阳. 基于行业环境风险识别的企业财务预警控制系统研究 [J]. 会计研究，2011 (3)：41 - 48.

[74] 龚明华，宋彤. 关于系统性风险识别方法的研究 [J]. 国际金融研究，2010 (5)：90 - 96.

[75] 王正位，周从意，廖理，等. 消费行为在个人信用风险识别中的信息含量研究 [J]. 经济研究，2020，55 (1)：149 - 163.

[76] 胡海青，张琅，张道宏. 供应链金融视角下的中小企业信用风险评估研究——基于 SVM 与 BP 神经网络的比较研究 [J]. 管理评论，2012，24 (11)：70 - 80.

[77] 李萌. Logit 模型在商业银行信用风险评估中的应用研究 [J]. 管理科学，2005 (2)：33 - 38.

[78] 杜江，梁昕雯. 基于模糊评判法的责任保险中的道德风险评估 [J]. 甘肃社会科学，2009 (04)：76 - 78.

[79] 王敏，黄瑛. 基于风险导向的内部审计原理及其应用 [J]. 财经理论与实践，2006 (6)：76 - 79.

[80] 毛小苓，刘阳生. 国内外环境风险评价研究进展 [J]. 应用基础与工程科学学报，2003 (3)：266 - 273.

[81] 葛少卫，杨晓江. 高校学科建设风险评估与管理研究 [J]. 学位与研究生教育，2018 (10)：15 - 19.

[82] 陆岷峰，周军煜. 中小商业银行：风险管理、公司治理与改革策略 [J]. 济南大学学报（社会科学版），2020，30 (4)：100 - 114.

[83] 周二华，肖雄刚，田力. 人力资源外包风险排序 [J]. 科学管理研究，2006 (6)：91 - 94.

[84] 汪克夷，董连胜. 项目投资决策风险的分析与评价 [J]. 中国软科学，2003 (1)：141 - 144.

[85] 王阳，李延喜，郑春燕，等. 基于模糊层次分析法的风险投资后续管理风险评估研究 [J]. 管理学报，2008 (1)：54 - 58.

[86] 陈雄鹰，汪昕宇，张革，等. 科技型中小企业人力资本投资风险评价指标体系研究——以北京地区为例 [J]. 科技管理研究，2015，35 (21)：68 - 75.

[87] 李冰清，焦永刚，赵娜. 分红保险、代理理论与保险公司股权代理成本 [J]. 金融研究，2012 (12)：193 - 206.

[88] 朱德云，王素芬. 人口老龄化对地方政府债务可持续性影响研究 [J]. 财政研究，2020 (4)：76 - 89.

[89] 肖北溟，李金林. 国有商业银行信贷评级研究 [J]. 中国管理科学，2005 (5)：34 - 41.

[90] 张彭，王飞. 治理能力、平台风险与预警机制研究——来自网络借贷市场的经验证据 [J]. 现代经济探讨，2017 (9)：83 - 91.

[91] 王会金. 基于动态模糊评价的审计风险综合评价模型及其应用 [J]. 会计研究，2011 (9)：89 - 95.

[92] 刘庆，王昌. 基于 Vague 集 TOPSIS 法多属性决策方法研究 [J]. 模糊系统与数学，2015，29 (5)：174 - 181.

[93] 周晓光，张强，胡望斌. 基于 Vague 集 TOPSIS 方法及其应用 [J]. 系统工程理论方法应用，2005 (6)：537 - 541.

[94] 梁爽，刁节文，肖邦. P2P 网贷平台风险预测研究 [J]. 运筹与管理，2021，30 (1)：170 - 176.

[95] 肖会敏，侯宇，崔春生. 基于BP神经网络的P2P网贷借款人信用评估 [J]. 运筹与管理，2018，27 (9)：112-118.

[96] 张卫国，卢媛媛，刘勇军. 基于非均衡模糊近似支持向量机的P2P网贷借款人信用风险评估应用 [J]. 系统工程理论与实践，2018，38 (10)：2466-2478.

[97] Arel I，Rose D，Karnowski T P. Deep Machine Learning - A New Frontier in Artificial Intelligence [J]. IEEE Computational Intelligence Magazine，2010，5 (4)：13-18.

[98] Md Mujeeb S，Praveen Sam R，Madhavi K. Adaptive Exponential Bat Algorithm and Deep Learning for Big Data Classification [J]. Sādhanā，2021，46 (1)：1-15.

[99] Mathias K，Stefan F，Asil O. Deep Learning in Business Analytics and Operations Research：Models，Applications and Managerial Implications [J]. European Journal of Operational Research，2020，281 (3)：628-641.

[100] Amine B，Abdelouahid D，Yacine C. A Review of Privacy - preserving Techniques for Deep Learning [J]. Neurocomputing，2020，384：21-45.

[101] Helton J C，Davis F J. Survey of Sampling - based Methods for Uncertainty and Sensitivity Analysis [J]. Reliability Engineering System Safety，2006，91 (10)：1175-1209.

[102] Takeuchi L，Lee Y. Applying Deep Learning to Enhance Momentum Trading Strategies in Stocks. [D]. Stanford，2013.

[103] Ding X，Hang Y，Liu T. Deep Learning for Event - driven Stock Prediction [C]. Proceedings of The 24th International Joint Conference on Artificial Intelligence，2015，2327-2333.

[104] Erhan D，Bengio A，Courville P A. Why does Unsupervised Pre - training Help Deep Learning? [J]. Journal of Machine Learning Research，2010，11 (3)：625-660.

[105] Tran K，Duong T，Ho Q. Credit Scoring Model：A Combination of Genetic Programming and Deep Learning [C]. Future Technology Conference，2016：113-119.

[106] Nam K J，Li Q，Heo S K，el at. Inter - regional Multimedia Fate Analysis of PAHs and Potential Risk Assessment by Integrating Deep Learning and Climate Change Scenarios [J]. Journal of Hazardous Materials，2011，41：149.

[107] Tingting H，Shuo W，Anuj S. Highway Crash Detection and Risk Estimation Using Deep Learning [J]. Accident Analysis & Prevention，2020. 135：455-467.

[108] Amine B，Abdelouahid D，Yacine C. A Review of Privacy - preserving Techniques for Deep Learning [J]. Neurocomputing，2020，384：21-45.

[109] 刘建伟，刘媛，罗雄麟. 深度学习研究进展 [J]. 计算机应用研究，2014，31 (7)：1921-1930，1942.

[110] 王宪保，李洁，姚明海. 基于深度学习的太阳能电池片表面缺陷检测方法 [J]. 模式识别与人工智能，2014，(6)：517-523.

[111] 吴财贵，唐权华. 基于深度学习的图片敏感文字检测 [J]. 计算机工程与应用，2015，51 (14)：203-206，230.

[112] 刘广应，吴鸿超，孔新兵. 深度学习LSTM模型与VaR风险管理 [J]. 统计与决策，2021，37 (8)：136-140.

[113] 冯文刚，黄静. 基于深度学习的民航安检和航班预警研究 [J]. 数据分析与知识发现，2018，2 (10)：46-53.

[114] 刘海滨. 风险评估视角下师范生免费教育政策研究 [D]. 长春：东北师范大学，2015.

[115] 丁栋虹，张翔. 国内团队企业家精神研究评述——基于文献分析法 [J]. 北京理工大学学报（社会科学版），2013，15 (1)：63-70.

[116] 徐建华，吴子璇，路锦怡. 规范性问卷调查方法在图书馆学研究中的运用——以图书馆员刻板

印象研究为例 [J]. 图书情报工作，2019，63 (1)：140 - 145.

[117] 刘艳华，华微娜，常李艳. 我国图情研究人员的国际科研产出及影响因素分析——基于半结构化访谈的探索性研究 [J]. 现代情报，2016，36 (4)：151 - 155，169.

[118] 张元庆，陶志鹏. 广义嵌套空间模型变量选择研究——基于广义空间信息准则 [J]. 统计研究，2017，34 (9)：100 - 107.

[119] 顾婧，周宗放. 基于可变精度粗糙集的新兴技术企业信用风险识别 [J]. 管理工程学报，2010，24 (1)：70 - 76.

[120] 牛冲槐，张敏，段治平，等. 科技型人才聚集效应与组织冲突消减的研究 [J]. 管理学报，2006 (3)：302 - 308.

[121] 张德. 人力资源开发与管理 [M]. 北京：清华大学出版社，1996.

[122] 杜谦，宋卫国. 科技人才定义及相关统计问题 [J]. 中国科技论坛，2004 (5)：136 - 141.

[123] 杨芳娟，刘云，梁正. 高端科技人才归国创业的特征和影响分析 [J]. 科学学研究，2018，36 (8)：1421 - 1431.

[124] 杨河清，陈怡安. 海外高层次人才引进政策实施效果评价——以中央“千人计划”为例 [J]. 科技进步与对策，2013，30 (16)：107 - 112.

[125] 桂昭明. 人才资本的度量方法研究 [J]. 武汉工程大学学报，2009.31 (10)：9 - 13.

[126] 范晨. 人力资源风险及其管理 [J]. 人才资源开发，2008 (8)：24 - 26.

[127] 赵航. 企业人力资源外包的风险及其防范 [J]. 企业经济，2011 (7)：83 - 85.

[128] 吴道友，程佳琳. 基于扎根理论的科技人才流动弄阻滞因素及作用机理研究——以企业与高校科技人才双向流动为例 [J]. 财经论丛，2018 (5)：87 - 96.

[129] 陈涛. 基于 ERG 的科技人才收入激励状况实证研究——关于江苏省南通市 2600 份调查表的分析 [J]. 科学学研究，2008 (1)：157 - 161.

[130] 游静. 基于 ERG 理论的异构信息系统知识创新激励机制研究 [J]. 科学学与科学技术管理，2010，31 (2)：86 - 93.

[131] 金凤花，李全喜，孙磐石. 基于场论的区域物流发展水平评价及聚类分析 [J]. 经济地理，2010，30 (7)：1138 - 1143.

[132] 苏哲哲，龙如银. 基于场论的资源新型城市经济转型研究 [J]. 系统科学学报，2013，21 (2)：67 - 70.

[133] 张爱平，刘艳华，钟林生，等. 基于场理论的沪苏浙皖地区旅游空间差异研究 [J]. 长江流域资源与环境，2015，24 (3)：364 - 372.

[134] 高岭，曹艳东，叶青，等. 政府行为与企业创新之谜——理论与经验的检视 [J]. 教学与研究，2020 (5)：51 - 64.

[135] 乔志程，吴非，刘诗源. 地方产业政策之于区域创新活动的影响——基于政府行为视角下的理论解读与经验证据 [J]. 现代财经 (天津财经大学学报)，2018，38 (9)：3 - 17.

[136] 周飞舟. 政府行为与中国社会发展——社会学的研究发现及范式演变 [J]. 中国社会科学，2019 (3)：21 - 39.

[137] 刘剑虹，熊和平. 非均衡理论视域下区域高等教育的多元发展 [J]. 浙江社会科学，2013，(5)：101 - 105.

[138] 柯善咨. 中国城市与区域经济增长的扩散回流与市场区效应 [J]. 经济研究，2009，44 (8)：85 - 98.

[139] 李国平，许扬. 梯度理论的发展及其意义 [J]. 经济学家，2002 (4)：69 - 75.

[140] 鲍威，刘艳辉. 公平视角下我国高等教育资源配置的区域间差异 [J]. 教育发展研究，2009，29 (23)：37 - 43.

[141] 杨俊，黄潇，李晓羽. 教育不平等与收入分配差距：中国实证分析 [J]. 管理世界，2008 (1)：38 - 47.

[142] 吴愈晓. 中国城乡居民的教育机会不平等及其演变（1978—2008） [J]. 中国社会科学，2013 (3)：4-21.

[143] 孙久文，姚鹏. 空间计量经济学的研究范式与最新进展 [J]. 经济学家，2014 (7)：27-35.

[144] 李小建. 中国特色经济地理学思考 [J]. 经济地理，2016，36 (5)：1-8.

[145] 庄赟. 空间聚集与区域经济差异的统计测度及因素分析 [M]. 北京：经济科学出版社，2020.

[146] 高洪深. 区域经济学（第五版）[M]. 北京：中国人民大学出版社，2019.

[147] 牛冲槐，郭丽芳，樊艳萍. 区域科技型人才聚集效应和知识创新研究 [M]. 北京：地质出版社，2010.

[148] 牛冲槐，张永红. 区域人才聚集效应研究 [M]. 北京：知识产权出版社，2013.

[149] 赵晨，唐朝永，张永胜，等. 任务冲突与科研团队人才聚集效应：参与型领导的调节效应 [J]. 科学管理研究，2019，37 (5)：56-60.

[150] 赵晨，张永胜，牛彤. 中国科技人才区域分布差异发展趋势及效应研究 [J]. 科学管理研究，2020，38 (5)：137-142.

[151] 钟成林，胡雪萍. 农村土地发展权、空间溢出与城市土地利用效率——基于空间误差模型的实证研究 [J]. 中国经济问题，2016 (6)：24-36.

[152] 李洁，欧蒙. 贫困的代际传递：贫苦程度与学业成绩 [J]. 财经科学，2018 (9)：107-119.

[153] 龚艳冰，丁德臣，何建敏，等. 企业战略风险管理理论、模型及应用综述 [J]. 科学学与科学技术管理，2008 (9)：142-147.

[154] Zhao W，Li C，Yan C，et al. Interpretable Deep Learning-assisted Laser-induced Breakdown Spectroscopy for Brand Classification of Iron Ores [J]. Analytica Chimica Acta，2020，116：574.

[155] Park S J，Choi S Y，Kim Y M. Performance Evaluation of Deep Neural Network (DNN) Based on HRV Parameters for Judgment of Risk Factors for Coronary Artery Disease [J]. Journal of Biomedical Engineering Research，2019，40 (2)：62-67.

附录A　科技型人才区域聚集不均衡的风险访谈提纲表

________您好，感谢您接受访谈！本次访谈的目的是为了对科技型人才区域分布不均衡引致风险因素的识别问题进行研究，访谈大概30分钟左右，您的个人信息会被严格保密，访谈内容也不会向其他个人或机构公开，请您按照您的真实情况与我交流。

问题一：您了解现阶段科技型人才的区域分布状况吗？
您是如何了解到现阶段我国区域人才分布状况的？
您了解现阶段我国科技型人才区域分布不均衡的状况吗？
您觉得现阶段我国东中西部科技型人才不均衡的程度严重吗？
您觉得现阶段我国科技型人才区域不均衡的状况还会持续吗？
您觉得我国科技型人才区域聚集不均衡的状况会带来风险吗？

以下为从经济角度识别科技人才聚集不均衡引致的风险问题相关提问内容。

问题二：您认为科技型人才区域分布不均衡的状况影响区域的经济发展吗？
您认为科技型人才区域分布不均衡对经济影响的程度有多深？
您认为科技型人才对区域的经济建设贡献大不大？
您认为您所在的区域由于缺乏/过度聚集科技型人才而产生经济效应降低的现象吗？
您认为科技型人才区域聚集不均衡经济方面的负向影响是否以及出现？

问题三：您认为科技型人才区域聚集不均衡的经济负效应会引发区域经济发展的冲突吗？
您认为区域的经济冲突会加剧科技型人才区域聚集不均衡吗？

问题四：您认为什么经济因素会影响科技型人才区域聚集不均衡的风险？
作为科技型人才在进行区域选择时，首先会考虑什么样的经济方面的问题？
您认为您考虑的这些经济问题会成为您进行区域选择时的决定因素吗？

问题五：您当时选择所在区域时是主要考虑到了在经济方面的薪酬、经济水平、经济结构还是经济政策？
这几个问题在您进行区域选择时，哪个问题影响相对较大？
影响您区域就业选择具体的经济因素有些什么？

问题六：对于影响科技型人才区域聚集的经济风险因素您认为有哪些？

以下为从社会角度识别科技人才聚集不均衡引致的风险问题。

问题七：您认为科技人才的多或少会影响社会政策目标的实现吗？
您认为科技人才聚集程度对社会协调发展影响大不大？
您认为现阶段的科技型人才区域聚集状况是否已经对我国区域的社会发展产生影响？
您认为从风险角度看，科技型人才区域聚集不均衡是否产生社会冲突？
您认为这种社会冲突是否会引发社会风险？

问题八：您认为什么社会因素会影响科技型人才区域聚集的风险？ 您认为作为科技型人才在进行区域选择时，首先会考虑什么样的社会方面的问题？ 您认为您考虑的这些社会问题会成为您进行区域选择时的决定因素吗？
问题九：您认为导致科技型人才区域聚集不均衡的社会风险因素是什么？
以下为从科技角度识别科技型人才聚集不均衡引致的风险问题。
问题十：您认为科技人才区域分布不均衡问题会不会影响科技人才的科研效率或效果？ 科技人才聚集过多或不足会不会影响科研的进度？ 所处机构或环境的科研考评制度会不会影响您的科研？ 您认为科技型人才区域聚集状况现在是否影响科技事业的整体发展？ 您认为现阶段的科技型人才聚集不均衡的状况是否已经有冲突的产生？
问题十一：您认为科技人才区域分布不均衡的现状影不影响科技人才的个人成长？ 个人的成长规划是否会因为科研地域的不同而不同？ 个人的科研成果会不会因团队的成员不同而有所不同？
问题十二：您认为是什么科技因素影响科技型人才区域聚集不均衡的风险？ 您认为是什么科技方面的因素造成了我国现阶段区域科技型人才聚集的不均衡状态？ 您认为什么原因导致我国现阶段科研水平的区域差异？ 您认为科技型人才区域聚集不均衡的科技风险影响因素有什么？
问题十三：您认为您进行区域选择的时候是什么科技因素成为您的主要考虑因素？
问题十四：您认为影响科技型人才区域聚集的科技风险因素有哪些？
问题十五：您认为引致科技型人才区域聚集不均衡的风险因素主要有哪些？ 您认为科技型人才区域聚集不均衡的风险因素还有什么？

附录B　科技型人才区域聚集不均衡的风险识别检查问卷表

情　况　列　表	是	否
以下为涉及经济方面的风险因素问题。		
科技型人才区域不均衡的态势是否会导致区域经济差距越拉越大?	□	□
科技型人才对经济持续发展是否有支撑作用?	□	□
科技型人才聚集对区域经济结构的发展是否有影响?	□	□
区域人均 GDP 差异是否会影响科技型人才区域聚集不均衡的经济风险?	□	□
各地财政收入差距是否会影响科技型人才区域聚集不均衡的经济风险?	□	□
各省人均 GDP 差异是否会影响科技型人才区域聚集不均衡的经济风险?	□	□
您认为您在进行工作选择时会特别注重薪酬待遇的差异情况吗?	□	□
人均地方财政收入差异是否会影响科技型人才区域聚集不均衡的经济风险?	□	□
第三产业占本省 GDP 比重差异是否会影响科技型人才区域聚集不均衡的经济风险?	□	□
高新技术产业产值情况是否影响您的就业地域选择?	□	□
第二产业占 GDP 比重差异是否会影响科技型人才区域聚集不均衡的经济风险?	□	□
您认为人均可支配收入是否反映当地居民生活状况?	□	□
GDP 增长率差异是否会影响科技型人才区域聚集不均衡的经济风险?	□	□
当地人民的生活状况会影响您地区选择吗?	□	□
经济发展水平差异是否会影响科技型人才区域聚集不均衡的经济风险?	□	□
工资收入水平差异是否会影响科技型人才区域聚集不均衡的经济风险?	□	□
区域经济发展水平差异是否会影响科技型人才区域聚集不均衡的经济风险?	□	□
经济增长潜力不同是否会影响科技型人才区域聚集不均衡的经济风险?	□	□
区域边际收益差异是否会影响科技型人才区域聚集不均衡的经济风险?	□	□
高新技术产品占总产值比重不同是否会影响科技型人才区域聚集不均衡的经济风险?	□	□
科技产业经济贡献度差异是否会影响科技型人才区域聚集不均衡的经济风险?	□	□
科技产业占总产值比重差异是否会影响科技型人才区域聚集不均衡的经济风险?	□	□
经济结构差异是否会影响科技型人才区域聚集不均衡的经济风险?	□	□
高新技术产业经济贡献度差异是否会影响科技型人才区域聚集不均衡的经济风险?	□	□
绝对收益差异是否会影响科技型人才区域聚集不均衡的经济风险?	□	□
您认为高新企业经济的贡献是您择业的重要考虑因素吗?	□	□
以下为涉及社会方面的因素问题。		
科技型人才区域不均衡会影响社会的和谐稳定吗?	□	□
科技型人才区域聚集会对社会发展有关键性的影响吗?	□	□
地区的医疗保障情况差异是否是科技型人才区域聚集不均衡的社会风险因素?	□	□
医疗水平差异是否是科技型人才区域聚集不均衡的社会风险因素?	□	□
高等学校的数量差异是否是科技型人才区域聚集不均衡的社会风险因素?	□	□

续表

情 况 列 表	是	否
高等教育学生数量差异是否是科技型人才区域聚集不均衡的社会风险因素？	□	□
人均居住面积差异是否是科技型人才区域聚集不均衡的社会风险因素？	□	□
户籍制度便利性差异是否是科技型人才区域聚集不均衡的社会风险因素？	□	□
您是否关注您工作地区的社会就业情况？	□	□
社会保障程度差异是否是科技型人才区域聚集不均衡的社会风险因素？	□	□
医疗机构床位数量差异是否是科技型人才区域聚集不均衡的社会风险因素？	□	□
人际关系复杂程度差异是否是科技型人才区域聚集不均衡的社会风险因素？	□	□
社保覆盖率差异是否是科技型人才区域聚集不均衡的社会风险因素？	□	□
教育发展水平差异是否是科技型人才区域聚集不均衡的社会风险因素？	□	□
年末职工参保比例差异是否是科技型人才区域聚集不均衡的社会风险因素？	□	□
城镇职工医疗保险差异是否是科技型人才区域聚集不均衡的社会风险因素？	□	□
您觉得地区房价差异是否是科技型人才区域聚集不均衡的社会风险因素？	□	□
失业情况不同是否是科技型人才区域聚集不均衡的社会风险因素？	□	□
您就业选择区域时是否会考虑到区域居住环境的不同？	□	□
户籍档案流动便利度差异是否是科技型人才区域聚集不均衡的社会风险因素？	□	□
人均绿地面积差异是否是科技型人才区域聚集不均衡的社会风险因素？	□	□
空气质量二级以上天数差异是否是科技型人才区域聚集不均衡的社会风险因素？	□	□
理科毕业生占普通高校毕业生比重差异是否是科技型人才区域聚集不均衡的社会风险因素？	□	□
您是否关注地区的老龄化结构情况？	□	□
理科生本科毕业生占比差异是否是科技型人才区域聚集不均衡的社会风险因素？	□	□
每万人拥有的图书量差异是否是科技型人才区域聚集不均衡的社会风险因素？	□	□
您觉得人口增长率差异是否是科技型人才区域聚集不均衡的社会风险因素？	□	□
人口增长率差异是否是科技型人才区域聚集不均衡的社会风险因素？	□	□
工业固体废物综合利用率差异是否是科技型人才区域聚集不均衡的社会风险因素？	□	□
人口老龄化差异是否是科技型人才区域聚集不均衡的社会风险因素？	□	□
理科生数量差异是否是科技型人才区域聚集不均衡的社会风险因素？	□	□
以下为涉及科技方面的风险因素问题。		
科技型人才的区域聚集程度是否直接影响区域科技水平的发展？	□	□
您认为您进行工作选择时科技因素是否为您的主要考虑因素？	□	□
现阶段科技型人才区域聚集不均衡的科技风险是否已经有所显现？	□	□
您认为R&D经费投入强度差异是否是风险因素？	□	□
您觉得区域间发明专利授权数量的差异能否影响区域的选择？	□	□
科研项目数量差异会不会影响科技型人才区域聚集不均衡的风险？	□	□
国家科研政策倾斜差异是否导致科技型人才区域聚集不均衡的风险产生？	□	□
国家重点实验室数量差异会不会影响科技型人才聚集？	□	□

续表

情况列表	是	否
科研人员的数量会不会影响科技型人才聚集?	□	□
您进行就业选择是否会考虑工作单位的科研成果转化能力?	□	□
您是否认可项目数量代表了科研能力这种说法?	□	□
科研课题数量会不会影响科技型人才聚集?	□	□
您会看重工作所在地的项目数量多少吗?	□	□
国家重点实验室数量差异是否影响科技型人才区域聚集不均衡的科技风险?	□	□
您认为高新技术企业孵化率差异是否影响科技型人才区域聚集不均衡的科技风险?	□	□
您觉得技术市场成交额的差异状况能否影响科技型人才区域聚集不均衡的科技风险?	□	□
您觉得科研人员数量的差异状况能否影响科技型人才区域聚集不均衡的科技风险?	□	□
您觉得科研课题数量的差异状况能否影响科技型人才区域聚集不均衡的科技风险?	□	□
您觉得R&D人才数量的差异状况能否影响科技型人才区域聚集不均衡的科技风险?	□	□
您觉得R&D人才占从业人员比重的差异状况能否影响科技型人才区域聚集不均衡的科技风险?	□	□
您觉得学术资源的差异状况能否影响科技型人才区域聚集不均衡的科技风险?	□	□
您觉得创新团队建设困难的差异状况能否影响科技型人才区域聚集不均衡的科技风险?	□	□
您觉得创新动力的差异状况能否影响科技型人才区域聚集不均衡的科技风险?	□	□
您觉得科研领军人物数量的差异状况能否影响科技型人才区域聚集不均衡的科技风险?	□	□